图解电气工程施工
细部做法 100 讲

主编　杨晋辉

哈尔滨工业大学出版社

内 容 简 介

　　本书是根据国家最新颁布的规范及标准编写而成,内容包括:电气配管配线安装工程、变配电设备安装、室内线路安装、照明系统安装、建筑物防雷接地装置安装、弱电及建筑智能化系统设备安装等。

　　本书内容丰富,通俗易懂,实用性强,适合从事建筑电气工程的技术人员、操作人员及管理人员使用,也可供大中专院校相关专业师生学习参考。

图书在版编目(CIP)数据

图解电气工程施工细部做法 100 讲/杨晋辉主编. —哈尔滨:哈尔滨工业大学出版社,2017.7
　ISBN 978 - 7 - 5603 - 6631 - 9

　Ⅰ.①图…　Ⅱ.①杨…　Ⅲ.①房屋建筑设备-电气设备-建筑安装-工程施工-图解　Ⅳ.①TU85-64

　中国版本图书馆 CIP 数据核字(2017)第 111864 号

策划编辑　郝庆多
责任编辑　李长波
出版发行　哈尔滨工业大学出版社
社　　址　哈尔滨市南岗区复华四道街 10 号　邮编 150006
传　　真　0451 - 86414749
网　　址　http://hitpress. hit. edu. cn
印　　刷　哈尔滨市工大节能印刷厂
开　　本　787mm×1092mm　1/16　印张 12　字数 300 千字
版　　次　2017 年 7 月第 1 版　2017 年 7 月第 1 次印刷
书　　号　ISBN 978 - 7 - 5603 - 6631 - 9
定　　价　32. 00 元

(如因印装质量问题影响阅读,我社负责调换)

编 委 会

主　编　杨晋辉

副主编　张　琦

参　编　张　昆　姚明鸽　刘美玲　王　营
　　　　　　曲秀明　王　帅　颜廷荣　白雅君
　　　　　　夏　欣　于　涛　齐丽娜　王红微

前　言

近年来，行业间竞争日益激烈，如何在激烈的竞争环境下立于不败之地，是每个企业不得不思考的问题。工程建设行业也是如此，工程建设施工中需要投入大量的人力、物力、财力、机具等，同时也需要根据工程的特点，充分做好施工准备、施工工艺、施工方案等，以保证技术经济效果，避免出现事故，这也就对施工管理技术人员提出了较高的要求。

而建筑电气工程施工则是工程建设施工中一门专业性较强的综合技术，建筑电气工程的施工管理是施工顺利进行的基本保证。合理地安排劳力制定合理的施工技术，是建筑电气工程施工质量、进度、安全的关键。

当前，建筑项目同质化严重，更应注意建筑细节，细部质量是企业为提高自身的竞争优势、实现精益求精的过程。建筑细部已成为决定未来发展的关键部分，基于此，编者结合多年的工作经验，深入阐述了建筑电气工程施工细部做法，旨在为广大读者提供有益的参考。

本书主要的特点如下：

（1）针对性。专门针对建筑电气施工工艺做法编写的常用工具书。

（2）实用性。从建筑电气工程施工工艺的实际工作需要出发，本着简明、实用的原则，紧扣现行标准、规范和规程，经优化筛选，对施工现场遇到的施工细部工艺进行详细阐述，便于工程施工人员抓住主要环节，及时查阅和学习。

本书是根据国家最新颁布的规范及标准编写而成，内容包括：电气配管配线安装工程、变配电设备安装、室内线路安装、照明系统安装、建筑物防雷接地装置安装、弱电及建筑智能化系统设备安装等。

本书内容丰富，通俗易懂，实用性强，适合从事建筑电气工程、安装的技术人员、操作人员及管理人员使用，也可供大中专院校相关专业师生学习参考。

由于编者的经验和学识有限，加之当今我国建筑行业的飞速发展，尽管编者尽心尽力、反复推敲核实，但仍难免有疏漏与不足之处，恳请广大读者批评指正。

编　者
2017 年 2 月

目　录

第1章 电气配管配线安装工程

1.1 线槽布线

第1讲 金属线槽的敷设

(1)线槽的选择。金属线槽内外应光滑平整、无棱刺以及扭曲和变形现象。选择时,金属线槽的规格必须符合设计要求及相关规范的规定,同时,还应考虑到导线的填充率及载流导线的根数,同时符合散热、敷设等安全要求。

金属线槽及其附件应采用表面经过镀锌或者静电喷漆的定型产品,其规格和型号应满足设计要求,并有产品合格证等。

(2)测量定位。金属线槽安装时,应依据施工设计图,用粉袋沿墙、顶棚或者地面等处,弹出线路的中心线并依据线槽固定点的要求分出档距,标出线槽支、吊架的固定位置。金属线槽吊点及支撑点的距离,应根据工程具体条件确定,通常在直线段固定间距应不大于 3 m,在线槽的首端、终端、转角、分支、接头及进出接线盒处应不大于 0.5 m。线槽配线在穿过楼板和墙壁时,应用保护管,而且穿楼板处必须用钢管保护,其保护高度与地面之间的距离不应低于 1.8 m。

(3)线槽固定。线槽固定分为木砖固定线槽、塑料胀管固定线槽以及伞形螺栓固定线槽。

木砖固定线槽是在土建结构施工时预埋木砖。加气砖墙或者砖墙应在剔洞后再埋木砖,梯形木砖较大的面应朝洞里,外表面与建筑物的表面齐平,然后用水泥砂浆抹平,当凝固后,再把线槽底板用木螺钉固定于木砖上。

混凝土墙、砖墙可采用塑料胀管固定线槽。依据胀管直径和长度选择钻头,在标出的固定点位置上钻孔,不应豁口、歪斜,应垂直钻好孔之后,将孔内残存的杂物清净,用木锤把塑料胀管垂直敲入孔中,直到与建筑物表面平齐,再用石膏将缝隙填实抹平。

在石膏板墙或其他护板墙上,可以用伞形螺栓固定线槽。根据弹线定位的标记,找好固定点位置,把线槽的底板横平竖直地紧贴建筑物的表面。钻好孔后把伞形螺栓的两伞叶掐紧合拢插入孔中,当合拢伞叶自行张开后,再用螺母紧固即可,露出线槽内的部分应加套塑料管。

(4)线槽安装。

①线槽在墙上安装。金属线槽在墙上安装时,可以采用塑料胀管安装。当线槽的宽度 $b \leqslant 100$ mm 时,可采用一个胀管固定;当线槽的宽度 $b > 100$ mm 时,应采用两个胀管并列固定。

金属线槽在墙上水平架空安装时,也就是可使用托臂支承,也可使用扁钢或角钢支架支承。托臂可用膨胀螺栓进行固定,当金属线槽宽度 $b \leqslant 100$ mm 时,线槽在托臂上可以采用一个螺栓固定。

　　制作角钢或扁钢支架时,下料之后,长短偏差不应大于 5 mm,切口处应无卷边及毛刺。支架焊接后应无明显变形,焊缝均匀平整,焊缝处不得出现裂纹、咬边、气孔、凹陷及漏焊等缺陷。

　　②线槽在吊顶上安装。吊装金属线槽在吊顶内安装时,吊杆可以使用膨胀螺栓与建筑结构固定。当钢结构固定时,可以进行焊接固定,把吊架直接焊在钢结构的固定位置处;也可以使用万能吊具与角钢、槽钢以及工字钢等钢结构进行安装,如图 1.1 所示。

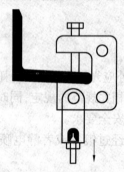

图 1.1　用万能吊具固定

　　③线槽在吊架上安装。线槽用吊架悬吊安装时,可依据吊装卡箍的不同形式采用不同的安装方法。当吊杆安装完成后,就可进行线槽的组装。吊装金属线槽时,可依据不同需要,选择开口向上安装或开口向下安装,并应先安装干线线槽,再装支线线槽。

　　线槽安装时,应先拧开吊装器,将吊装器下半部套入线槽上,使线槽与吊杆之间借助吊装器悬吊在一起。如在线槽上安装灯具时,灯具可以采用蝶形螺栓或蝶形夹卡与吊装器固定在一起,然后再把线槽逐段组装成形。线槽和线槽之间应采用内连接头或外连接头连接,并用沉头或圆头螺栓配上平垫和弹簧垫圈采用螺母紧固。吊装金属线槽在水平方向分支时,应采用二通接线盒、三通接线盒以及四通接线盒进行分支连接。在不同平面转弯时,转弯处应采用立上弯头或立下弯头进行连接,安装角度要适宜。同时,在线槽出线口处应通过出线口盒(图 1.2(a))进行连接;末端要装上封堵(图 1.2(b))进行封闭,盒箱出线处应采用抱脚(图 1.2(c))进行连接。

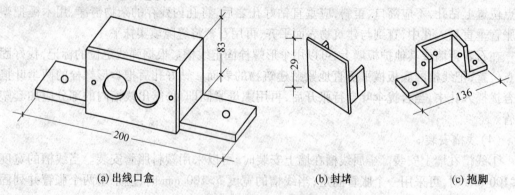

(a) 出线口盒　　　　　　　　　　　(b) 封堵　　　　　　(c) 抱脚

图 1.2　金属线槽安装配件图(单位:mm)

　　④线槽在地面内安装。金属线槽在地面内暗装敷设时,应依据单线槽或双线槽的不同

结构形式选择单压板或双压板，与线槽组装好后再上好卧脚螺栓。然后把组合好的线槽及支架沿线路走向水平放置在地面或楼（地）面的抄平层或者楼板的模板上，然后再进行线槽的连接。

线槽支架的安装距离应视工程具体情况进行设置，通常应设置在直线段大于3 m或者在线槽接头处、线槽进入分线盒200 mm处。

地面内暗装金属线盒的制造长度一般为3 m，每0.6 m设一个出线口。当需要线槽与线槽相互连接时，应采用线槽连接头，如图1.3所示。

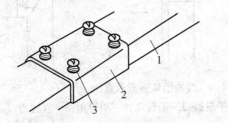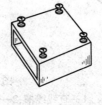

图1.3　线槽连接头示意图
1—线槽；2—线槽连接头；3—紧定螺钉

⑤线槽附件安装。线槽附件如直通、三通转角，接头，插口，盒及箱应采用相同材质的定型产品。槽底、槽盖同各种附件相对接时，接缝处应严实平整，无缝隙。盒子均应两点固定，各种附件角、转角以及三通等固定点不应少于两点。接线盒、灯头盒应采用相应插口连接。线槽的终端应采用终端头封堵。线路分支接头处应采用相应接线箱。安装铝合金装饰板时，应牢固、平整及严实。

第2讲　塑料线槽的敷设

塑料线槽的敷设应在建筑物墙面、顶棚抹灰或者装饰工程结束后进行。敷设场所的温度不得低于-15 ℃。

（1）线槽的选择。电气工程中，比较常用的塑料线槽的型号有VXC2型、VXC25型线槽以及VXCF型分线式线槽。其中，VXC2型塑料线槽可以应用于潮湿和有酸碱腐蚀的场所。弱电线路多为非载流导体，自身导致火灾的可能性极小，在建筑物顶棚内敷设时，可采用难燃型带盖塑料线槽。

选用塑料线槽时，应根据设计要求及允许容纳导线的根数来选择线槽的型号和规格。线槽内外应光滑无棱刺，且不应有扭曲及翘边等现象。塑料线槽及其附件的耐火及防延燃应符合相关规定，通常氧指数不应低于27%。

（2）弹线定位。塑料线槽敷设之前，应先确定好盒（箱）等电气器具固定点的准确位置，从始端至终端按照顺序找好水平线或垂直线。用粉线袋在线槽布线的中心处弹线，确定好各固定点的位置。在确定门旁开关线槽位置时，应能确保门旁开关盒处在距门框边0.15～0.2 m的范围内。

（3）线槽固定。塑料线槽敷设时，宜沿建筑物顶棚和墙壁交角处的墙上及墙角和踢脚板上口线上敷设。应先固定槽底，线槽槽底应依据每段所需长度切断。在分支时做成"T"字分支，线槽在转角处槽底应锯成45°角对接，并且对接连接面应严密平整，无缝隙。

线槽槽盖一般为卡装式。安装之前，应比照每段线槽槽底的长度根据需要切断，槽盖的长度要比槽底的长度短一些,如图1.4所示,其A段的长度应是线槽宽度的一半,在安装槽盖时供做装饰配件就位用。塑料线槽槽盖如不使用装饰配件时,槽盖和槽底应错位搭接。槽盖安装时,应把槽盖平行放置,对准槽底,用手一按槽盖,就可卡入槽底的凹槽中。

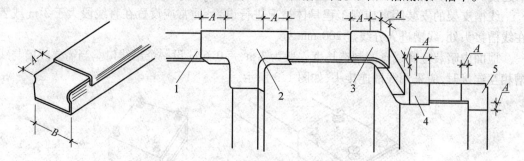

图1.4　线槽沿墙敷设示意图

1—直线线槽;2—平三通;3—阳转角;4—阴转角;5—直转角

第3讲　线槽内导线的敷设

(1)金属线槽内导线的敷设。金属线槽内配线前,应将线槽内的积水和杂物清除干净。清扫线槽时,可用抹布擦净线槽内残存的杂物,保持线槽内外清洁。清扫地面内暗装的金属线槽时,可先将引线钢丝穿通到分线盒或出线口,然后将布条绑在引线一端送入线槽内,由另一端将布条拉出,反复多次即可将槽内的杂物及积水清理干净;也可使用压缩空气或者氧气将线槽内的杂物、积水吹出。

放线时应边放边整理,并应将导线按回路(或系统)绑扎成捆,在绑扎时应采用尼龙绑扎带或线绳,不允许使用金属导线或者线进行绑扎。导线绑扎好之后,应分层排放在线槽内并做好永久性编号标志。穿线时,在金属线槽内不宜有接头,但是在易于检查(可拆卸盖板)的场所,可允许在线槽内有分支接头。电线电缆及分支接头的总截面(包括外护层),不应大于该点线槽内截面的75%;在不易于拆卸盖板的线槽内,导线的接头应放在线槽的接线盒内。

同一电源的不同回路且无抗干扰要求的线路可以敷设于同一线槽内,因为线槽内电线有相互交叉和平行紧挨现象,敷设在同一线槽内有抗干扰要求的线路要采用隔板隔离,或者采用屏蔽电线且屏蔽护套一端接地等屏蔽及隔离措施。

(2)塑料线槽内导线的敷设。对于塑料线槽,导线应在线槽槽底固定后开始敷设。导线敷设完成后,再固定槽盖。在塑料线槽内敷设导线时,线槽内电线或者电缆的总截面(包括外护层)不应超过线槽内截面的20%,载流导线不宜大于30根(控制、信号等线路可视为非载流导线)。

强、弱电线路不应同时敷设在同一线槽内。同一路径无抗干扰要求的线路,可以敷设于同一线槽内。放线时先将导线放开抻直,从始端到终端边放边整理,导线应顺直,不得有挤压、扭结、背扣及受损等现象。电线、电缆在塑料线槽内不得有接头,导线的分支拉头应在接线盒内进行。从室外引进室内的导线在进入墙内一段应使用橡胶绝缘导线,禁止使用塑料绝缘导线。

1.2　架空线路施工

第 4 讲　架空线路施工一般要求

架空线路是确保供电安全、供电质量和合理分配电能的重要设施。由于它处于室外、野外安装,施工难度大,对施工人员技术要求高,要求技术人员不仅要具备电气专业技术知识,而且还要精通运输、吊装以及机械测量等方面的专业知识,同时还要能够合理调配劳力和机具,才能做到节约工时,提高效率。

架空线路安装的一般要求如下:

(1)架空线路路径应尽量沿道路平行敷设,防止通过起重机械频繁活动地区和各种露天堆场;还应尽量减少与其他设施的交叉和跨越建筑物。

(2)向重要负荷供电的双电源线路,不应同杆架设;向一般负荷供电的高、低压线路宜同杆架设,架设时高压线路在上,低压线路在下;架设同一电压等级不同回路的导线时,应动力线在上,照明线在下,路灯照明回路应架设在最下层。为使维修方便,直线杆横担数不宜超过四层(包括路灯线路)。多种用途导线共杆时各层横担间最小垂直距离见表1.1。

表1.1　多种用途导线共杆时各层横担间最小垂直距离　　　　　　m

导线排列方式	直线杆	分支或转角杆
高压与高压	0.80	距上层横担 0.45/0.60(距下层横担)
高压与低压	1.20	1.00
低压与低压	0.60	0.30
高压与信号线路	2.00	2.00
低压与信号线路	0.60	0.60

(3)高压线路的导线,10 kV 线路一般采用三角形或水平排列,相序排列顺序:面向负载从左侧起,导线的相序排列为 L_1、L_2、L_3;低压线路的导线,一般采用水平排列,其排列次序是:面向负荷从左侧起,导线排列相序为 L_1、N、L_2、L_3。架空导线间最小距离见表1.2。

表1.2　架空导线间最小距离　　　　　　m

电压等级	档距						
	≤40	50	60	70	80	90	100
1～10 kV	0.6	0.65	0.7	0.75	0.85	0.90	1.0
1 kV 以下	0.3	0.4	0.45	0.5			

注:①表中所列数值适用于导线的各种排列方式
　　②靠近电杆的两导线间的水平距离,对于低压线路,不应小于 0.5 m

(4)架空线路导线与地面、水面、峭壁、山坡、岩石之间的最小距离,在最大风偏情况下,不应小于表1.3所列数值。

表1.3　架空线路导线与地面等的最小距离（在最大风偏情况下） m

线路经过地区	线路电压等级	
	1～10 kV	<1 kV
居民区	6.5	6.0
非居民区	5.5	5.0
交通困难地区	4.5	4.0
步行可以到达的山坡		3.0
步行不能到达的山坡、峭壁和岩石	1.5	1.0
不能通航、不能浮运的河、湖（冬季至冰面）	5.0	5.0
不能通航、不能浮运的河、湖，从高水位算起	1.0	3.0
通航河流	1.5	1.0
人行道、巷至地面（裸导线）	3.5	
人行道、巷至地面（绝缘导线）	2.5	—

注：①居民区是指工业企业地区、港口、码头、城镇等人口密集地区
②非居民区是指居民区以外的地区，有时虽有人和车辆到达，但是房屋稀少，也属于非居民区
③交通困难地区是指车辆无法到达的地区
④通航河流中的距离是指最高航行水位的最高船桅顶距线路的距离

（5）架空线路导线与建筑物、街道、树之间的最小距离应不小于表1.4所列数值。

表1.4　架空线路导线与建筑物、街道、树之间的最小距离 m

线路经过地区	线路电压等级	
	1～10 kV	<1 kV
线路跨越建筑物的垂直距离	3.0	2.5
线路边线与建筑物水平距离	1.5	1.0
线路跨越公路	7.0	6.0
线路跨越铁路（至轨顶）	7.5	
线路跨越电车道	9.0	
线路边线在最大风偏时与行道、树的最小水平距离	2.0	1.0
线路跨越特殊管道	3.0	1.5

注：架空线路不应跨越屋顶为易燃材料的建筑物，对无防火屋顶的建筑物不宜跨越

（6）架空线路导线和一级弱电线路（首都与各省市、国际之间，铁道部与各局之间的联系线路）交叉角度应大于或等于45°；同二级弱电线路（各省、地市之间，铁路局与各站之间等）交叉角度应大于或等于30°。

架空线路应架设在弱电线路的上方，最大弧度时对弱电线路的垂直距离不应小于下列数值：1～10 kV时为2 m；1 kV以下时为1 m。

（7）配电线路和各种架空电力线路之间交叉跨越时的最小垂直距离，在最大弧度时不应小于表1.5所列数值，并且低压线路应架设在下方。

表1.5 配电线路与各种架空电力线路之间交叉跨越时的最小垂直距离 m

配电线路电压/kV	电力线路电压等级/kV				
	1 以下	1～10	35～110	220	330
1～10	2	2	3	4	5
1 以下	1				

第5讲 杆坑定位与挖坑

(1)杆坑定位。首先根据设计图样确定线路走向,同时以木桩表示线路的位置,并且以100 m一个木桩表示线路的路径,称为百米桩。确定线路走向时应考虑下列因素:

a. 要沿公路、厂区道路方向。

b. 使线路路径最短。

c. 使转角和跨越次数最少,必须跨越的,应尽量直角交叉。

d. 尽可能不占或少占用农田。

e. 不妨碍行车信号、标志的显示。

f. 线路与建筑物和其他线路的距离要满足安全间距。

g. 尽可能避开易被车辆碰撞的处所;易受腐蚀污染的地方;可能发生洪水冲刷的地方;地下有电缆线路、水管、暗沟及煤气管等处所。

①基坑定位。架空线路电杆基坑位置应依据设计线路图规定的中心桩位进行测量放线定位。基坑定位中心桩位置确定之后,应按中心桩标定位置设置辅助桩作为施工的控制点,也就是基坑的定位依据。电杆基坑定位规定见表1.6。

表1.6 电杆基坑定位规定

电杆位置	辅助桩	允许偏差
直线单杆	在顺线路方向,中心桩(主桩)前后3 m处各设置一个辅助桩(副桩)	顺线路方向的位移不应超过设计档距的5%,垂直于线路方向偏差不应超过50 mm
直线双杆	在顺线路方向,中心桩前后3～5 m处各设置一个辅助桩;在垂直于线路方向,中心桩左右大约5 m处再各设一个辅助桩	
转角杆	除中心桩前后各设一个辅助桩外,应在转角点的夹角平分线上内外侧各设一个辅助桩	位移不应超过50 mm

杆坑应采用经纬仪测量定位,逐点测出杆位之后,随即在地面的定位点上打入主、副标桩,并且在标桩上编号。在转角杆、耐张杆、终端杆及加强杆的杆位标桩上使用红漆标明杆型,以便挖拉线坑。

电杆的埋设深度如果设计上无要求,可参照表1.7确定埋设深度。电杆坑、拉线坑深度允许偏差应不深于设计坑深100 mm、不浅于设计坑深50 mm。

表1.7 电杆埋设深度 m

杆长	8.0	9.0	10.0	11.0	12.0	13.0	15.0
埋深 h	1.7	1.8	1.9	2.0	2.1	2.3	2.5

注:设有变压器台的电杆埋设深度不宜小于2.0 m。

　　施工前还必须对全线路的坑位进行一次复测,其目的是检查线路坑位的准确性。尤其要检查转角坑的桩位、角度、距离及高差正确与否。经复测确定主杆基坑坑位标桩、拉线中心桩及其辅助桩的位置,并且划出坑口尺寸。

　　②拉线坑定位。直线杆的拉线设置与线路中心线应平行或者垂直;转角杆的拉线位于转角的平分线上,并且与杆所受合力的方向相反。拉线与杆的中心线夹角通常为45°,若受地形和建筑物限制时,其角度可减小到30°。

　　拉线坑与电杆的位置关系和水平距离 L 可按照下述方法确定:拉线坑应处于杆所受合力的反方向,所以应以杆位为起点,测量出距离 L,在此定位点处钉上标杆,即为拉线坑的中心位置。水平距离 L 的计算公式如下:

$$L=(拉线高度\pm D+拉线坑深度)\tan\varphi \tag{1.1}$$

式中　φ——拉线与杆的中心线夹角;

　　　D——杆坑与拉线坑之间的地形高差,杆坑高于拉线坑取"+",反之取"-"。

　　拉线坑深度应依据拉线盘埋设深度而定,若设计无规定,拉线盘埋设深度可以参照表1.8。拉线坑的深度不宜小于1.2 m。

表1.8　拉线盘埋设深度

拉线棒长度/m	拉线盘尺寸　长×宽/mm×mm	埋深/m
2	500×300	1.3
2.5	600×400	1.6
3	800×600	2.1

　　终端杆和转角杆一般要装设底盘,或就地取材用岩石或者碎石作为基础并且夯实。当土壤含流沙或地下水位较高时,直线杆也要装设底盘。

　　当土壤不好或者在较陡峭的斜坡上立杆时,为减少电杆的埋深可在电杆上安装卡盘。如图1.5所示,卡盘应装设在自地面起至电杆埋设深度的1/3处,应不小于500 mm,并要与线路平行,有顺序地在线路左右两侧交替埋设。承力杆的卡盘应埋设于承力侧,埋入地下的铁件应涂沥青以防锈蚀。

　　(2)挖坑。立杆挖坑分为杆坑与拉线坑两种。杆坑又分为圆形坑和梯形坑。对于不带卡盘或底盘的杆坑,通常采用圆形坑,土方工作量小,对电杆的稳定性好,施工方便。用人力或者抱杆等工具立杆的,应挖成带马道的梯形坑,马道应开挖在立杆的一侧。拉线坑应开挖在标定拉线桩位处,其中心线及深度应满足设计要求。在拉线引入侧应开挖斜槽,以免拉线不能伸直,影响拉力。

　　基坑的土工作业可以采用螺旋挖土机、夹铲等工具进行机械、半机械化挖掘,也可采用锹、镐等工具人工挖掘挖出圆形基坑。前者采用汽车动力驱动,省时省力,适用于施工现场地面平整、土质坚硬的情况。在土质松软的情况下,一般采用人力挖掘。

　　圆形基坑的横断面如图1.6(a)所示,开挖尺寸由土质决定,坑宽 B 可用表1.9中的公式计算。梯形坑用于杆身较高、较重以及带有卡盘的电杆。坑深在1.6 m以下者,应放二步阶梯形基坑;坑深在1.8 m以上者可放三步阶梯形基坑。梯形坑截面形式以及各部分尺寸如图1.6(b)、(c)所示。

　　拉线坑的截面和形式可以根据具体情况确定,深度通常为1.2~2.1 m。

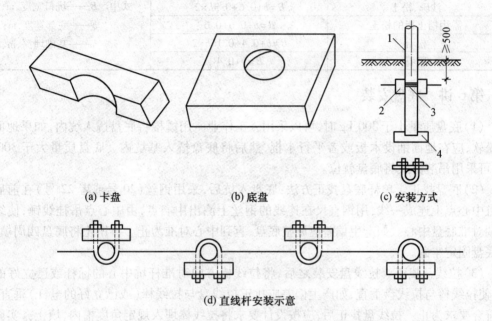

(a) 卡盘　　　　　　(b) 底盘　　　　　　(c) 安装方式

(d) 直线杆安装示意

图 1.5　底盘与卡盘安装示意图
1—电杆；2—卡盘；3—U 形抱箍；4—底盘

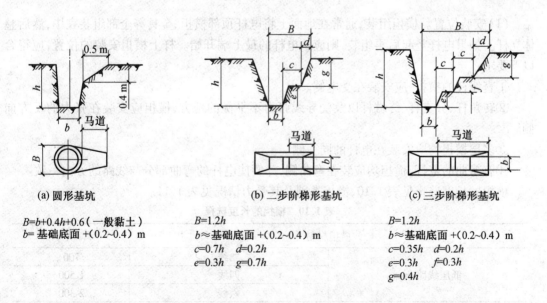

(a) 圆形基坑　　　　　(b) 二步阶梯形基坑　　　　　(c) 三步阶梯形基坑

$B=b+0.4h+0.6$（一般黏土）
$b=$ 基础底面 $+(0.2\sim0.4)$ m

$B=1.2h$
$b\approx$ 基础底面 $+(0.2\sim0.4)$ m
$c=0.7h$　$d=0.2h$
$e=0.3h$　$g=0.7h$

$B=1.2h$
$b\approx$ 基础底面 $+(0.2\sim0.4)$ m
$c=0.35h$　$d=0.2h$
$e=0.3h$　$f=0.3h$
$g=0.4h$

图 1.6　电杆杆坑类型以及开挖尺寸

表1.9　圆形坑坑口尺寸计算公式

土质种类	坑口宽度/m	备注
一般黏土、砂质黏土	$B=b+0.6+0.2h\times2$	式中　B——坑口宽度,m;
沙砾、松土	$B=b+0.6+0.3h\times2$	
需用挡土板的松土	$B=b+0.6+0.6$	b——底部宽度,m;
松石	$B=b+0.4+0.16h\times2$	h——基础埋深,m
坚石	$B=b+0.4$	

第6讲　底盘安装

(1)底盘质量小于300 kg时,可以采用人工作业。用撬棍将底盘撬入坑内,如果地面土质松软,应在地面铺设木板或者平行木棍,然后将底盘撬入基坑内。底盘质量大于300 kg时,可采用吊装方式将底盘就位。

(2)底盘找正。单杆底盘找正方法:底盘入坑后,采用钢丝(20 号或者22 号)在前后辅助桩中心点上连成一线,用钢直尺在连线的钢丝上测出中心点,由中心点吊挂线锤,使线锤尖端对准底盘中心。如产生偏差应调整底盘,直到中心对准为止。再用土将底盘四周填实,使底盘固定牢固。

(3)拉线盘找正。拉线盘安装之后,将拉线棒方向对准杆坑中心的标杆或已立好的电杆,使拉线棒与拉线盘垂直,如产生偏差应找正拉线盘与拉线棒(或已立好的电杆)垂直,直至符合要求为止。拉线盘找正后,应按设计要求将拉线棒埋入规定角度槽内,填土夯实固定牢固。

第7讲　横担组装

(1)安装位置。横担组装,通常在地面上将电杆顶部横担、金具等全部组装完毕,然后整体立杆。如果电杆竖起后再组装,则应从电杆的最上端开始。杆上横担安装的位置,应符合以下要求:

①直线杆的横担,应安装在受电侧。

②转角杆、分支杆、终端杆以及受导线张力不平衡的地方,横担应安装在张力的反方向侧。

③多层横担均应安装在电杆的同一侧。

④有弯曲的电杆,横担均应装在弯曲侧,并要使电杆的弯曲部分与线路的方向一致。

横担的长度选择见表1.10,横担类别及其受力情况见表1.11。

表1.10　横担的长度选择

横担材料		铁
低压线路/mm	二线	700
	四线	1 500
	六线	2 300
高压线路/mm	二线	1 500
	水平排列四线	2 240
	陶瓷横担头部	800

表 1.11　横担类型及其承受荷载情况

横担类型	杆型	承受荷载
单横担	直线杆,15°以下转角杆	导线的垂直荷载
双横担	15°~45°转角杆,耐张杆(两侧导线拉力差为零)	导线的垂直荷载
	45°以上转角杆,终端杆,分支杆	①一侧导线最大允许拉力的水平荷载 ②导线的垂直荷载
	耐张杆(两侧导线有拉力差),大跨越杆	①两侧导线拉力差的水平荷载 ②导线的垂直荷载
带斜撑的双横担	终端杆,分支杆,终端型转角杆	①两侧导线拉力差的水平荷载 ②导线的垂直荷载
	大跨越杆	①两侧导线拉力差的水平荷载 ②导线的垂直荷载

（2）安装要点。

①横担的安装应依据架空线路导线的排列方式而定：

a.钢筋混凝土电杆使用 U 形抱箍安装水平排列导线横担。在杆顶向下量 200 mm,安装 U 形抱箍,用 U 形抱箍从电杆背部围住杆身,抱箍螺扣部分应放在受电侧,在抱箍上先安装好 M 形抱铁,在 M 形抱铁上再安装横担,于抱箍两端螺纹段各加一个垫圈使用螺母固定。先不要拧紧螺母,留有调节的余地,当全部横担装上后再逐个拧紧螺母。

b.导线呈三角形排列时,杆顶导线支撑绝缘子应使用杆顶支座抱箍。从杆顶向下量取 150 mm,使用 a 形支座抱箍时,应将角钢置于受电侧,将抱箍用 M16 mm×70 mm 方头螺栓穿过抱箍安装孔,用螺母拧紧固定。安装好杆顶抱箍后,再安装横担。横担的位置通过导线的排列方式来决定,导线采用正三角排列时,横担距离杆顶抱箍为 0.8 m;导线采用扁三角排列时,横担距离杆顶抱箍为 0.5 m。

②横担安装应平整,安装偏差为：

a.横担端部上下歪斜不应大于 20 mm。

b.横担端部左右扭斜不应大于 20 mm。

③带叉梁的双杆组立后,杆身和叉梁均不应有鼓肚现象。叉梁铁板、抱箍与主杆的连接须牢固,局部间隙不应大于 50 mm。

④导线水平排列时,上层横担距杆顶距离不宜小于 200 mm。

⑤10 kV 线路和 35 kV 线路同杆架设时,两条线路导线之间垂直距离不应小于 2 m。

⑥高、低压同杆架设的线路,高压线路横担应在上层。架设同一电压等级的不同回路导线时,应将线路弧垂较大的横担放置在下层。

⑦同一电源的高、低压线路宜同杆架设。为了维修及减少停电,直线杆横担数不宜超过 4 层(包括路灯线路)。

⑧螺栓的穿入方向。

a.平面结构。

ⅰ.顺线路方向,单面构件由送电侧穿入或按统一方向;

ⅱ.横线路方向,两侧由内向外,中间由左向右(面向受电侧)或按统一方向;

ⅲ.垂直方向,由下向上。

b. 立体结构。

ⅰ. 水平方向,由内向外;

ⅱ. 垂直方向,由下向上。

⑨以螺栓连接的构件应符合以下规定:

a. 螺杆应与构件面垂直,螺头平面与构件间不应有空隙。

b. 螺栓紧好后,螺杆螺纹露出的长度:单螺母应不少于两扣;双螺母可平扣。

c. 必须加垫圈者,每端垫圈应不超过两个。

⑩瓷横担安装应符合以下规定:

a. 垂直安装时,顶端顺线路歪斜应不大于 10 mm。

b. 水平安装时,顶端应向上翘起 5°～10°,顶端顺线路歪斜应不大于 20 mm。

c. 全瓷式瓷横担的固定处应加装软垫。

d. 电杆横担安装好以后,横担应平正。双杆的横担,横担与电杆的连接处的高差不应大于连接距离的 5/1 000;左右扭斜不应大于横担总长度的 1/100。

e. 同杆架设线路横担间的最小垂直距离见表 1.12。

表 1.12　同杆架设线路横担间的最小垂直距离　　　　　　　　　　　　m

架设方式	直线杆	分支或转角杆
1～10 kV 与 1～10 kV	0.80	0.50
1～10 kV 与 1 kV 以下	1.20	1.00
1 kV 以下与 1 kV 以下	0.60	0.30

第 8 讲　立杆及杆身调整

(1)立杆。常用的电杆立杆的方法包括汽车起重机立杆、人字抱杆立杆、三脚架立杆、倒落式人字抱杆立杆以及架腿立杆等。

①汽车起重机立杆。该方法适用范围广、安全、效率高,有条件的地方应尽量采用。

a. 立杆时,先把汽车起重机开到距坑道适当位置加以稳固,然后在电杆(从根部量起) 1/3～1/2 处系一根起吊钢丝绳,再在杆顶向下 500 mm 处临时系三根调整绳。

b. 起吊时,坑边站两人负责电杆根部进坑,另由三人各拉一根调整绳,以坑为中心,站位呈三角形,由一人负责指挥。

c. 当杆顶吊离地面 500 mm 时,对各处绑扎的绳扣做一次安全检查,确认没有问题后再继续起吊。

d. 电杆竖立后,调整电杆位于线路中心线上,偏差不大于 50 mm,然后逐层(300 mm 厚) 填土夯实。填土应高于地面 300 mm,以备沉降。

②人字抱杆立杆。人字抱杆立杆为一种简易的立杆方式,它主要依靠装在人字抱杆顶部的滑轮组,利用钢丝绳穿绕杆脚上的转向滑轮,引向绞磨或手摇卷扬机来吊立电杆,如图 1.7 所示。

以立 10 kV 线路电杆为例,所用的起吊工具包括人字抱杆一副(杆高约为电杆高度的 1/2);承载 3 t 的滑轮组一副,承载 3 t 的转向滑轮一个;绞磨或者手摇卷扬机一台;起吊用钢丝绳(ϕ10)45 m;固定人字抱杆用牵引钢丝绳两条(ϕ6),长度为电杆高度的 1.5～2 倍;锚固

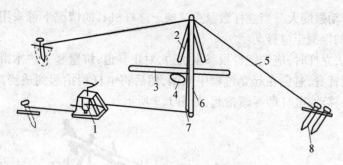

图 1.7　人字抱杆立杆示意图

1—绞磨(或手摇卷扬机);2—滑轮组;3—电杆;4—杆坑;
5—钢丝牵引绳;6—人字抱杆;7—转向滑轮;8—锚固用钢钎

用的钢钎 3 ~ 4 根。

③三脚架立杆。三脚架立杆也是一种比较简易的立杆方式,它主要依靠装在三脚架上的小型卷扬机、上下两只滑轮以及牵引钢丝绳等吊立电杆。

立杆时,首先把电杆移到电杆坑边,立好三脚架,做好防止三脚架根部活动和下陷的措施,然后在电杆梢部系三根拉绳,以控制杆身。在电杆杆身 1/2 处,系一根短的起吊钢丝绳,套在滑轮吊钩上。使用手摇卷扬机起吊时,当杆梢离地 500 mm 时,对绳扣做一次安全检查,确认没有问题后,方可继续起吊。把电杆竖起落于杆坑中,即可调正杆身,填土夯实。

④倒落式人字抱杆立杆。采用倒落式人字抱杆立杆的工具包括人字抱杆、滑轮、卷扬机(或绞磨)及钢丝绳等,如图 1.8 所示。但是,对于 7 ~ 9 m 长的轻型钢筋混凝土电杆,可不用卷扬机,而采用人工牵引。

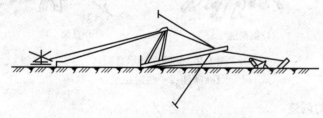

图 1.8　倒落式人字抱杆立杆示意图

a. 立杆前,先将制动用钢丝绳一端系于电杆根部,而另一端在制动桩上绕 3 ~ 4 圈,再将起吊钢丝绳一端系在抱杆顶部的铁帽上,另一端绑在电杆长度的 2/3 处。

在电杆顶部系上临时调整绳三根,按三个角分开控制。总牵引绳的方向要和制动桩、坑中心、抱杆铁帽处于同一直线上。

b. 起吊时,抱杆和电杆同时竖起,负责制动绳和调整绳的人要配合好,加强控制。

c. 当电杆起立至适当位置时,缓慢松动制动绳,使电杆根部逐渐进入坑内,但杆根应在抱杆失效前接触坑底。当杆根快要触及坑底时,应控制其正好处于立杆的正确位置上。

d. 在整个立杆过程中,左右侧拉线要均衡施力,以确保杆身稳定。

e. 当杆身立至与地面成 70°位置时,反侧临时拉线要适当拉紧,防止电杆倾倒。当杆身立至 80°时,立杆速度应放慢,并用反侧拉线与卷扬机配合,使杆身调整到正直。

f. 最后填土把基础填妥、夯实,拆卸立杆工具。

⑤架腿立杆。架腿立杆又称撑式立杆,它是借助撑杆来竖立电杆的。该方法使用工具

比较简单,但是劳动强度大。当立杆数量少又缺乏立杆机具的情况下可采用,但是只能竖立木杆和9 m以下的混凝土电杆。

采用这种方法立杆时,应先把杆根移至坑边,对正马道,坑壁竖一块木滑板,电杆梢部系三根拉绳,以控制杆身,避免在起立过程中倾倒,然后将电杆梢抬起到适当高度时使用撑杆交替进行,向坑心移动,电杆即逐渐抬起,如图1.9所示。

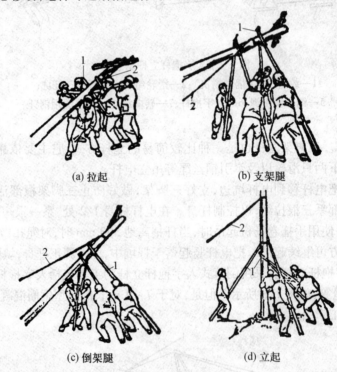

(a) 拉起　　　　　　　　　　　　(b) 支架腿

(c) 倒架腿　　　　　　　　　　　(d) 立起

图1.9　架腿立杆示意图

1—架腿;2—临时拉线

(2)电杆杆身的调整。

①调整要求。

a.直线杆的横向位移不应大于50 mm;电杆的倾斜不应使杆梢的位移超过半个杆梢。

b.转角杆应向外角预偏,紧线后不应向内角倾斜,向外角的倾斜不应使杆梢位移超过一个杆梢。转角杆的横向位移不应大于50 mm。

c.终端杆立好后应向拉线侧预偏,紧线后不应向拉线反方向倾斜,向拉线侧倾斜不应使杆梢位移超过一个杆梢。

d.双杆立好后应正直,双杆中心与中心桩之间的横向位移偏差不得大于50 mm;两杆高低偏差不得超过20 mm;迈步不得超过30 mm;根开不应超过±30 mm。

②调正方法。调整杆位,一般可用杠子拨,或用杠杆与绳索联合吊起杆根,使其移至规定位置。调整杆面,可使用转杆器弯钩卡住,推动手柄使杆旋转。

a.站在相邻未立杆的杆坑线路方向上的辅助标桩处(或其延长线上),面对线路向已立杆方向观测电杆,或借助垂球观测电杆,指挥调整杆身,或使与已立正直的电杆重合。

b.若为转角杆,观测人站在与线路垂直方向或者转角等分角线的垂直线(转角杆)的杆坑中心辅助桩延长线上,借助垂球观测电杆,指挥调正杆身,此时横担轴向应正对观测方向。

第 9 讲　拉线制作与安装

立好电杆后,紧接着就是拉线安装。拉线的作用为平衡电杆各方向上的拉力,防止电杆弯曲或倾斜。因此,对于承受不平衡拉力的电杆,均须装设拉线,以达到平衡的目的。

(1)拉线的计算。拉线制作与安装前,应确定拉线的长度和截面,具体内容如下:

①拉线长度计算。一条拉线由上把、中把及下把三部分构成,如图 1.10 所示。拉线实际需要长度(包括下部拉线棒出土部分)除拉线装成长度(上部拉线和下部拉线)外,还应包括上、下把折面缠绕所需的长度,也就是拉线的余割量。

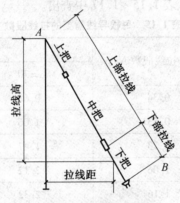

图 1.10　拉线的结构

a. 上部拉线余割量的计算方法如下:

　上部拉线余割量=拉线装成长度+上把与中把附加长度−下部拉线出土长度　　(1.2)

如果拉线上加装拉紧绝缘子及花篮螺栓,则拉线余割量的计算方法如下:

　上部拉线余割量=拉线装成长度+上把与中把附加长度+绝缘子上、下把附加长度−

　　　　　　　下部拉线出土长度−花篮螺栓长度

　　　　　　　　　　　　　　　　　　　　　　　　　　　　　　　　(1.3)

b. 在一般平地上计算拉线的装成长度时,也可采用查表的方法。查表时,首先应知道拉线的拉距和高度,计算出距高比,然后依据距高比即可从表 1.13 中得到。

表 1.13　换算拉线装成长度表

距高比	拉线装成长度	距高比	拉线装成长度
2	拉距×1.1	0.66(即 2/3)	拉距×1.8
1.5(即 3/2)	拉距×1.2	0.55(即 1/2)	拉距×2.2
1.25	拉距×1.3	0.33(即 1/3)	拉距×3.2
1	拉距×1.4	0.25(即 1/4)	拉距×4.1
0.75(即 3/4)	拉距×1.7		

②拉线截面计算。电杆拉线所用的材料主要有镀锌铁线与镀锌钢绞线两种。镀锌铁线通常使用 ϕ4.0 一种规格,但是施工时需绞合,制作较麻烦。镀锌钢绞线施工较方便,强度稳定,有条件可尽量采用。ϕ4.0 镀锌铁线与镀锌钢绞线换算见表 1.14。

表 1.14　φ4.0 镀锌铁线与镀锌钢绞线换算表

φ4.0 镀锌铁线根数	3	5	7	9	11	13	15	17	19
镀锌钢绞线截面/mm²	25	25	35	50	70	70	100	100	100

电杆拉线的截面计算,大致可分为以下两种情况。

a. 普通拉线终端杆:

$$拉线股数 = 导线根数 \times N_1 - N'_1 \tag{1.4}$$

b. 普通拉线转角:

$$拉线股数 = 导线根数 \times N_1\mu - N'_1 \tag{1.5}$$

N_1、N'_1 和 μ 的数值,可以从表 1.15 ~ 1.17 中查出。

表 1.15　每根导线需要的拉线股数

导线规格	水平拉线股数 N_2	普通拉线 N_1	
		$\alpha = 30°$	$\alpha = 45°$
LJ-16	0.34	0.68	0.48
LJ-25	0.53	1.06	0.75
LJ-35	0.73	1.47	1.04
LJ-50	1.06	2.12	1.50
LJ-70	1.16	2.32	1.64
LJ-95	1.55	3.12	2.20
LJ-150	1.85	3.70	2.62
LJ-185	2.29	4.58	3.24
LGJ-120	2.56	5.11	3.62
LGJ-150	3.26	6.52	4.61
LGJ-185	4.02	8.04	5.68
LGJ-240	5.25	0.50	7.43

注:①表中所列数值采用 φ4.0 镀锌铁线所做的拉线

　　②α 为拉线与电杆的夹角

表 1.16　钢筋混凝土电杆相当的拉线股数

电杆梢径/mm	电杆高度/m	水平拉线股数 N_2	普通拉线股数 N'_1	
			$\alpha = 30°$	$\alpha = 45°$
	9.0	0.50	0.99	0.70
φ150	9.0	0.45	0.89	0.68
	10.0	0.75	1.47	1.04
	8.0	0.54	1.07	0.76
φ170	9.0	0.48	0.97	0.63
	10.0	0.79	1.58	1.12

续表 1.16

电杆梢径/mm	电杆高度/m	水平拉线股数 N_2	普通拉线股数 N'_1	
			$\alpha=30°$	$\alpha=45°$
$\phi170$	11.0	1.03	2.06	1.46
	12.0	0.96	1.92	1.36
$\phi190$	11.0	1.10	2.19	1.55
	12.0	1.02	2.04	1.44

注：①钢筋混凝土电杆本身强度可起到一部分拉线作用。本表所列数值即为不同规格的电杆可起到的
拉线截面（以拉线股数表示）的作用
②表中所列数值采用 $\phi4.0$ 镀锌铁线所做的拉线
③α 为拉线与电杆的夹角

表 1.17　转角杆折算系数

转角 ϕ	15°	30°	45°	60°	75°	90°
折算系数 μ	0.261	0.578	0.771	1.00	1.218	1.414

（2）拉线的制作。电杆拉线的制作方法包括束合法与绞合法两种。因为绞合法存在绞合不好会产生各股受力不均的缺陷，目前常采用束合法，其制作方法如下：

①伸线。将成捆的铁线放开拉伸，使其挺直，便于束合。伸线方法，可使用两只紧线钳将铁线两端夹住，分别固定在柱上，用紧线钳收紧，使铁线伸直。也可通过人工拉伸，将铁线的两端固定在支柱或大树上，由 2~3 人手握住铁线中部，每人同时用力拉数次，使铁线充分伸直。

②束合。把拉直的铁线按照需要股数合在一起，另使用 $\phi1.6~\phi1.8$ 镀锌铁线在适当处压住一端拉紧缠扎 3~4 圈，而后将两端头拧在一起成为拉线节，形成束合线。拉线节在距地面 2 m 之内的部分间隔 600 mm；在距地面 2 m 以上部分间隔 1.2 m。

③拉线把的缠绕。拉线把包括自缠法与另缠法两种缠绕方法，其具体操作如下：

a. 自缠法。缠绕时先将拉线折弯嵌进三角圈（心形环）折转部分与本线合并，临时用钢绳卡头夹牢，折转一股，其余各股散开紧贴在本线上，然后把折转的一股用钳子在合并部分紧紧缠绕10圈，余留 20 mm 长并在线束内，多余部分剪掉。第一股缠完之后接着再缠第二股，用同样方法缠绕10圈，依此类推。由第 3 股起每次缠绕圈数依次递减一圈，直到缠绕 6 次为止，如图 1.11（a）所示。每次缠绕也可按下面方法进行：每次取一股按图 1.11（b）中所注明的圈数缠绕，换另一股将它压在下面，然后折面留出 10 mm，剪掉余线，如图 1.11（b）所示。

9 股及以上拉线，每次可以用两根一起缠绕。每次的余线至少要留出 30 mm 压在下面，余留部分剪齐折回180°紧压在缠绕层外。如果股数较少，缠绕不到 6 次即可终止。

b. 另缠法。先将拉线折弯处嵌入心形环，折回的拉线部分与本线合并，颈部用钢丝绳卡头临时夹紧，然后用一根 $\phi3.2$ 镀锌铁线作为绑线，一端与拉线束并在一起作为衬线，另一端

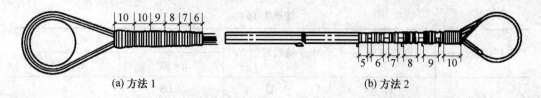

(a) 方法1　　　　　　　　　　　　　　　(b) 方法2

图1.11　自缠拉线把

按图1.12中的尺寸缠绕至150 mm处,绑线两端用钳子自相扭绕三转成麻花线,将多余线段剪去,同时将拉线折回三股留20 mm长,紧压在绑线层上。第二次用同样方法缠绕,至150 mm处又折回拉线两股,依此类推,缠绕三次为止。如果为3~5股拉线,绑线缠绕400 mm后,即将所有拉线端折回,留200 mm长紧压在绑线层上,绑线两端自相扭绞成麻花线。

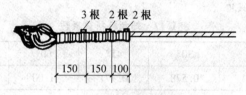

图1.12　另缠拉线把

(3)拉线的安装。

①安装要求。

a.拉线和电杆之间的夹角不宜小于45°;当受地形限制时,可适当小些,但是不应小于30°。

b.终端杆的拉线以及耐张杆承力拉线应与线路方向对正,分角拉线应与线路分角线方向对正,防风拉线应与线路方向垂直。

c.采用绑扎固定的拉线安装时,拉线两端应设置心形环。

d.当一根电杆上装设多股拉线时,拉线不应有过松、过紧、受力不均匀等现象。

e.埋设拉线盘的拉线坑应有滑坡(马道),回填土应有防沉土台,拉线棒与拉线盘的连接应使用双螺母。

f.居民区、厂矿内,混凝土电杆的拉线从导线之间穿过时,应装设拉线绝缘子。在断线情况下,拉线绝缘子距地面不应小于2.5 m。

拉线穿过公路时,对路面中心的垂直距离不应小于6 m。

g.合股组成的镀锌铁线用作拉线时,股数不应少于三股,其单股直径不应小于4.0 mm,绞合均匀,受力相等,不应出现抽筋现象。

合股组成的镀锌铁线拉线采用自身缠绕固定时,宜采用直径不小于3.2 mm镀锌铁线绑扎固定。绑扎应整齐紧密,其缠绕长度为:三股线不应小于80 mm,五股线不应小于150 mm,花缠不应小于250 mm,上端不应小于100 mm。

h.镀锌钢绞线拉线可采用直径不小于3.2 mm的镀锌铁线绑扎固定。绑扎应整齐、紧密,缠绕长度不能小于表1.18所列数值。

表 1.18　缠绕长度最小值

镀锌钢绞线截面/mm²	缠绕长度最小值/mm				
	上端	中端有绝缘子的两端	与拉棒连接处		
			下端	花缠	上端
25	200	200	150	250	80
35	250	250	200	300	80
50	300	300	250	250	80

　　i.拉线在地面上下各 300 mm 部分,为了防止腐蚀,应涂刷防腐油,然后用浸过防腐油的麻布条缠卷,并且用铁线绑牢。

　　j.采用 UT 型线夹以及楔形线夹固定的拉线安装时:

　　ⅰ.安装前螺纹上应涂润滑剂;

　　ⅱ.线夹舌板与拉线接触应紧密,受力后无滑动现象,线夹的凸度应在尾线侧,安装时不得损伤导线;

　　ⅲ.拉线弯曲部分不应有明显松股,拉线断头处与拉线主线应可靠固定,线夹处露出的尾线长度不宜超过 400 mm;

　　ⅳ.同一组拉线使用双线夹时,其尾线端的方向应做统一规定;

　　ⅴ.UT 型线夹或花篮螺栓的螺杆应露扣,并且应有不小于 1/2 螺杆螺纹长度可供调紧。调整后,UT 型线夹的双螺母应并紧,花篮螺栓应封固。

　　k.采用拉桩杆拉线的安装应符合以下规定:

　　ⅰ.拉桩杆埋设深度不应小于杆长的 1/6;

　　ⅱ.拉桩杆应向张力反方向倾斜 10°~20°;

　　ⅲ.拉杆坠线与拉桩杆夹角不应小于 30°;

　　ⅳ.拉杆坠线上端固定点的位置距拉桩杆顶应为 0.25 m;

　　ⅴ.拉杆坠线采用镀锌铁线绑扎固定时,缠绕长度可参照表 1.18 所列数值。

　　②拉线坑的开挖。拉线坑应开挖在标定拉线桩位处,其中心线和深度应符合设计要求。在拉线引入一侧应开挖斜槽,以免拉线不能伸直,影响拉力。其截面和形式可根据具体情况确定。

　　拉线坑深度应根据拉线盘埋设深度确定,拉线盘埋设深度应满足工程设计规定,工程设计无规定时,可参考表 1.19 数值确定。

表 1.19　拉线盘埋设深度

拉线棒长度/m	拉线盘长×宽/(mm×mm)	埋深/m
2	500×300	1.3
2.5	600×400	1.6
3	800×600	2.1

　　③拉线盘的埋设。在埋设拉线盘前,首先应组装好下把拉线棒,然后再进行整体埋设。拉线坑应有斜坡,回填土时,应把土块打碎后夯实。拉线坑宜设防沉层。

　　拉线棒应与拉线盘垂直,其外露地面部分长度应是 500~700 mm。目前,普遍采用的下把拉线棒为圆钢拉线棒,它的下端套有丝口,上端有拉环,安装时拉线棒穿过水泥拉线盘孔,将垫圈放好,拧上双螺母即可,如图 1.13 所示。在下把拉线棒装好后,将拉线盘放正,使底把拉环露出地面 500 ~ 700 mm,即可分层填土夯实。

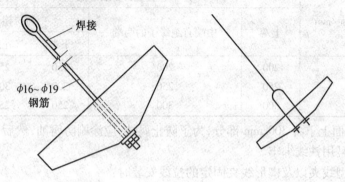

图 1.13　拉线盘

拉线盘的选择和埋设深度,以及拉线底把所采用的镀锌铁线和镀锌钢绞线与圆钢拉线棒的换算,见表 1.20。

拉线棒在地面上下 200 ~ 300 mm 处,都要涂上沥青,泥土中含有盐碱成分较多的地方,还要从拉线棒出土 150 mm 处起,缠卷 80 mm 宽的麻带,缠到地面以下 350 mm 处,并且浸透沥青,防止腐蚀。涂沥青和缠麻带,都应在填土前做好。

表 1.20　拉线盘的选择和埋设深度以及拉线底把所采用的镀锌铁线和镀锌钢绞线与圆钢拉线棒的换算

拉线所受拉力/kN	选用拉线规格		拉线盘规格/ (m×m)	拉线盘埋深/m
	ϕ4.0 镀锌铁线(股数)	镀锌钢绞线/mm²		
15 及以下	5 及以下	25	0.6×0.3	1.2
21	7	35	0.8×0.4	1.2
27	9	50	0.8×0.4	1.5
39	13	70	1.0×0.5	1.6
54	2×3	2×50	1.2×0.6	1.7
78	2×13	2×70	1.2×0.6	1.9

④拉线上把安装。拉线上把装在混凝土电杆上,须用拉线抱箍及螺栓固定。先使用一只螺栓将拉线抱箍抱在电杆上,然后将预制好的上把拉线环放在两片抱箍的螺孔间,穿入螺栓拧上螺母固定。上把拉线环的内径以能穿入 16 mm 螺栓为宜,但不能大于 25 mm。

在来往行人较多的地方,拉线上应装设拉线绝缘子。其安装位置,应使拉线断线而沿电杆下垂时,绝缘子距地面的高度要在 2.5 m 以上,不致触及行人。同时,使绝缘子距电杆最近距离也应保持 2.5 m,使人不致在杆上操作时触及接地部分,如图 1.14 所示。

⑤收紧拉线中把。下部拉线盘埋设完毕,上把做好后可收紧拉线,使上部拉线和下部拉线连接起来,成为一个整体。

收紧拉线可使用紧线钳,如图 1.15 所示为其方法。在收紧拉线前,先将花篮螺栓的两端螺杆旋入螺母内,使它们之间保持最大距离,以备继续旋入调整。然后将紧线钳的钢丝绳伸开,一只紧线钳夹握在拉线高处,再把拉线下端穿过花篮螺栓的拉环,放在三角圈槽里,向上折回,并且用另一只紧线钳夹住,花篮螺栓的另一端套在拉线棒的拉环上,所有准备工作做好后,将拉线慢慢收紧,紧到一定程度时,检查一下杆身及拉线的各部位,若无问题,再继续收紧,把电杆校正,如图 1.15(b) 所示。对于终端杆及转角杆,收紧拉线后,杆顶可向拉线侧倾斜电杆梢径的 1/2,最后用自缠法或另缠法绑扎。

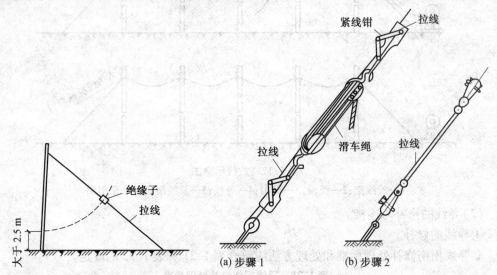

图 1.14　拉紧绝缘子安装位置　　　　　图 1.15　收紧拉线中把方法

为了防止花篮螺栓螺纹倒转松退,可以用一根 $\phi4.0$ 镀锌铁线,两端从螺杆孔穿过,在螺栓中间绞拧两次,再分向螺母两侧绕三圈,最后把两端头自相扭结,使调整装置不能任意转动,如图 1.16 所示。

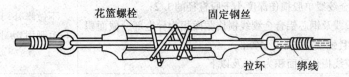

图 1.16　花篮螺栓的封缠

第 10 讲　导线的架设

(1)放线与架线。在导线架设放线之前,应勘察沿线情况,清除放线道路上可能损伤导线的障碍物,或采取可靠的防护措施。对于跨越公路、铁路、一般通信线路以及不能停电的电力线路,应在放线前搭好牢固的跨越架,跨越架的宽度应稍大于电杆横担的长度,以避免掉线。

放线包括拖放法与展放法两种。拖放法是将线盘架设在放线架上拖放导线;展放法是将线盘架设在汽车上,行进中展放导线。放线通常从始端开始,以一个耐张段为一个单元进行。可以先放线,即把所有导线全部放完,再一根根地把导线架在电杆横担上;也可以边放线边架线。放线时应使导线从线盘上方引出,放线过程中,线盘处要有人看守,保持放线速度均匀,同时检查导线质量,发现问题及时处理。如图 1.17 所示为放线示意图。

当导线沿线路展放在电杆旁的地面上后,可由施工人员登上电杆把导线用绳子提到电杆的横担上。架线时,导线吊上电杆后,应放在事先装好的开口木质滑轮内,避免导线在横担上拖拉磨损,钢导线也可使用钢滑轮。

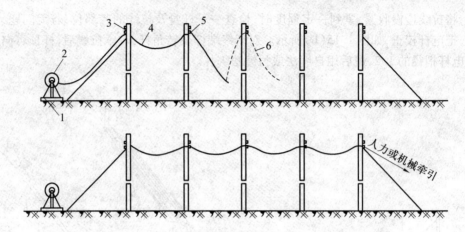

图 1.17　放线示意图

1—放线架；2—线轴；3—横担；4—导线；5—放线滑轮；6—牵引绳

（2）导线的修补与连接。

①导线的修补。

a. 导线损伤修补处理标准和处理方法应符合表 1.21 和表 1.22 的规定。

表 1.21　导线损伤修补处理标准

导线损伤情况		处理标准
钢芯铝绞线与钢芯铝合金绞线	铝绞线和铝合金绞线	
导线在同一处的损伤同时符合下列情况时： （1）铝、铝合金绞线单股损伤深度小于股直径的1/2； （2）钢芯铝绞线及钢芯铝合金绞线损伤截面积为导电部分截面积的5%及以下，且强度损失小于4%； （3）单金属绞线损伤截面积为4%及以下		不做修补，只将损伤处棱角与毛刺用0#砂纸磨光
导线在同一处损伤的程度已经超过不做修补的规定，但因损伤导致强度损失不超过总拉断力的5%，且截面积损伤又不超过总导电部分截面积的7%时	导线在同一处损伤的程度已经超过不做修补的规定，但因损伤导致强度损失不超过总拉断力的5%时	以缠绕或修补预绞线修理
导线在同一处损伤的强度损失已经超过总拉断力的5%，但不足17%，且截面积损伤也不超过导电部分截面积的25%时	导电在同一处损伤，强度损失超过总拉断力的5%，但不足17%	以修补管修补
（1）导线损失的强度或损伤的截面积超过《电气装置安装工程66 kV及以下架空电力线路施工及验收规范》（GB 50173—2014）采用修补管修补的规定时； （2）连续损伤的截面积或损失的强度都没有超过本规范以修补管修补的规定，但其损伤长度已超过修补管的修补范围； （3）复合材料的导线钢芯有断股； （4）金钩、破股已使钢芯或内层铝股形成无法修复的永久变形		全部割去，重新以接续管连接

表 1.22　导线损伤修补处理方法

修补方式	处理方法
采用缠绕处理	（1）将受伤处线股处理平整； （2）缠绕材料应为铝单丝，缠绕应紧密，回头应绞紧，处理平整，其中心应位于损伤最严重处，并应将受伤部全部覆盖，其长度不得小于 100 mm
采用预绞丝处理	（1）将受伤处线股处理平整； （2）修补用的预绞丝长度不得小于 3 个节距，或符合相关的国家规定； （3）修补用的预绞丝应与导线接触紧密，其中心应位于损伤最严重处，并应将损伤部位全部覆盖
采用修补管处理	（1）将损伤处的线股先恢复原绞制状态，线股处理平整； （2）修补管的中心应位于损伤最严重处，需修补的范围应位于管内各 20 mm； （3）修补管可采用钳压或液压，其操作应符合《电气装置安装工程 66 kV 及以下架空电力线路施工及验收规范》（GB 50173—2014）第 8.4 节中有关压接的要求

b. 用作架空地线的镀锌钢绞线，其损伤处理方法应符合表 1.23 的规定。

表 1.23　镀锌钢绞线损伤处理方法

绞线股数	处理方法		
	用镀锌铁线缠绕	用修补管修补	割断重接
7	—	断 1 股	断 2 股及金钩、破股等形成的永久变形
19	断 1 股	断 2 股	断 3 股及金钩、破股等形成的永久变形

c. 绝缘导线损伤修补处理方法应符合表 1.24 的规定。

表 1.24　绝缘导线损伤修补处理方法

绝缘导线损伤情况	处理方法
在同一截面内，损伤面积超过芯线导电部分截面的 17%，或钢芯断 1 股	割断重接
（1）绝缘导线截面损伤不超过导电部分截面的 17%，可敷线修补，修补长度应超过损伤部分，每端缠绕长度超过损伤部分不小于 100 mm； （2）若截面损伤在导电部分截面的 6% 以内，损伤深度在单股线直径的 1/3 之内，应使用同金属的单股线在损伤部分缠绕，缠绕长度应超出损伤部分两端各 30 mm	敷线修补
（1）绝缘层损伤深度在绝缘层厚度的 10% 及以上时应进行绝缘修补。可使用绝缘自粘带缠绕，每圈绝缘自粘带间搭压带宽的 1/2，修补后绝缘自粘带的厚度应大于绝缘层损伤深度，且不少于两层；也可使用绝缘护罩将绝缘层损伤部位罩好，并将开口部位用绝缘自粘带缠绕封住； （2）一个档距内，单根绝缘线绝缘层的损伤修补不宜超过 3 处	绝缘自粘带缠绕

②导线的连接。

a. 由于导线的连接质量直接影响到导线的机械强度和电气性能,因此架设的导线连接规定:在任何情况下,每一档距内的每条导线,只能有一个接头;导线接头位置与针式绝缘子固定处的净距离不应小于500 mm;与耐张线夹之间的距离不应小于15 m。

b. 架空线路在跨越公路、河流、电力及通信线路时,导线和避雷线上不能有接头。

c. 不同金属、不同规格以及不同绞制方向的导线严禁在档距内连接,只能在电杆上跳线时连接。

d. 导线接头处的力学性能,不应低于原导线强度的90%,电阻不应超过同长度导线电阻的1.2倍。

导线的连接方法常用的有钳压接法、缠绕法及爆炸压接法。若接头在跳线处,可以使用线夹连接,接头在其他位置,一般采用钳压接法连接,即把要连接的两个导线头放在专用的接续管内,然后按图1.18中的数字顺序压接。

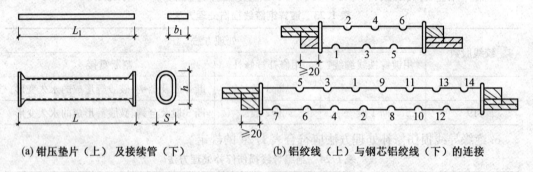

(a) 钳压垫片(上)及接续管(下)　　　　(b) 铝绞线(上)与钢芯铝绞线(下)的连接

图1.18　钳压接续管

导线采用钳压接续管进行连接时,应符合以下规定:

a. 接续管型号与导线规格应配套,见表1.25。

b. 压接前导线的端头要用绑线绑牢,压接之后不应拆除。

c. 钳压后,导线端头露出长度不应小于20 mm。

d. 压接后的接续管弯曲度不应大于管长的2%。

e. 压接后或矫直后的接续管不应有裂纹。

f. 压接后的接续管两端附近的导线不应有灯笼及抽筋等现象。

g. 压接后接续管两端出口处、接缝处以及外露部分应涂刷油漆。

表 1.25　接续管选用尺寸表

接续管型号		使用导线类型		接续管尺寸/mm			垫片尺寸/mm		质量/kg
		导线型号	外径/mm	S	h	L	b_1	L_1	
铝绞线	QL-16	LJ-16	5.1	6.0	12.0	110			0.02
	QL-25	LJ-25	6.4	7.2	14.0	120			0.03
	QL-35	LJ-35	7.5	8.5	17.0	140			0.04
	QL-50	LJ-50	9.0	10.0	20.0	190			0.05
	QL-70	LJ-70	10.7	11.6	23.2	210			0.07
	QL-95	LJ-95	12.4	13.4	26.8	280			0.10
	QL-120	LJ-120	14.0	15.0	30.0	300			0.15
	QL-150	LJ-150	15.8	17.0	34.0	320			0.16
	QL-185	LJ-185	17.5	19.0	38.0	340	—	—	0.20
铜绞线	QT-16	TJ-16	5.1	6.0	12.0	98			0.057
	QT-25	TJ-25	6.3	7.2	14.4	112			0.060
	QT-35	TJ-35	7.5	8.5	17.0	126			0.100
	QT-50	TJ-50	9.0	10.0	20.0	180			0.160
	QT-70	TJ-70	10.6	11.6	23.0	198			0.200
	QT-95	TJ-95	12.4	13.4	26.8	264			0.300
	QT-120	TJ-120	14.0	15.0	30.0	286			0.430
	QT-150	TJ-150	15.8	17.0	34.0	308			0.520
钢芯铝绞线	QLG-35	LGJ-50	8.4	9.0	19.0	340	8.0	350	0.174
	QLG-50	LGJ-50	9.6	10.5	22.0	420	9.5	430	0.244
	QLG-70	LGJ-70	11.4	12.5	26.0	500	11.5	510	0.280
	QLG-95	LGJ-95	13.7	15.0	31.0	690	14.0	700	0.580
	QLG-120	LGJ-120	15.2	17.0	35.0	910	15.0	920	1.020
	QLG-150	LGJ-150	17.0	19.0	39.0	940	17.5	950	1.200
	QLG-185	LGJ-185	19.0	21.0	43.0	1 040	19.5	1 060	1.620
	QLG-240	LGJ-240	21.6	23.5	48.0	540	22.0	550	1.050

　　压接铝绞线时,压接顺序从导线断头开始,按交错顺序向另一端进行,如图 1.18(b)所示;铜绞线与铝绞线压接方法相类似;压接钢芯铝绞线时,压接顺序从中间开始,分别向两端进行,如图 1.18(b)所示,压接 240 mm² 钢芯铝绞线时,可以用两只接续管串联进行,两管间距不应小于 15 mm。三种导线的压口数及压后尺寸见表 1.26。

表1.26 三种导线的压口数及压后尺寸

导线型号		钳压位置/mm			压后尺寸 h/mm	压口数/个
		a_1	a_2	a_3		
铝绞线	LJ-16	28	20	34	10.5	6
	LJ-25	32	20	36	12.5	
	LJ-35	36	25	43	14.0	
	LJ-50	40	25	45	16.5	8
	LJ-70	44	28	50	19.5	
	LJ-95	48	32	56	23.0	
	LJ-120	52	33	59	26.0	10
	LJ-150	56	34	62	30.0	
	LJ-185	60	35	65	33.5	
铜绞线	TJ-16	28	14	23	10.5	6
	TJ-25	32	16	32	12.0	
	TJ-35	36	18	36	14.5	
	TJ-50	40	20	40	17.5	8
	TJ-70	44	22	44	20.5	
	TJ-95	48	24	48	24.0	
	TJ-120	52	26	52	27.5	10
	TJ-150	56	28	56	31.5	
钢芯铝绞线	LGJ-16	28	14	28	12.5	12
	LGJ-25	32	15	31	14.5	14
	LGJ-35	34	42.5	93.5	17.5	
	LGJ-50	38	48.5	105.5	20.5	16
	LGJ-70	46	54.5	123.5	25.5	
	LGJ-95	54	61.5	142.5	29.0	20
	LGJ-120	62	67.5	160.5	33.0	24
	LGJ-150	64	70	166.5	36.0	
	LGJ-185	66	74.5	173.5	39.0	26
	LGJ-240	62	68.5	161.5	43.0	2×14

（3）紧线。紧线的工作一般与弧垂测量和导线固定同时进行。展放导线时,导线的展放长度比档距长度略有增加,平地一般增加2%,山地一般增加3%,架设完成之后应收紧。

①紧线。在做好耐张杆、转角杆和终端杆拉线后,就可以分段紧线。先把导线的一端在绝缘子上固定好,然后在导线的另一端用紧线器紧线。在杆的受力侧应装设正式与临时拉

线,用钢丝绳或具有足够强度的钢线拴在横担的两端,防止横担偏扭。待紧完导线并固定好后,拆除临时拉线。

　　紧线时在耐张段的操作端,直接或者通过滑轮来牵引导线,导线收紧后,再用紧线器夹住导线。紧线的方法有两种:一种是把导线逐根均匀收紧的单线法;另一种是三根或两根同时收紧。前者适用于导线截面面积较小、耐张段距离不大的场合;后者适用于导线型号大、档距大、电杆多的情况。紧线示意图如图1.19所示。紧线的顺序:应由上层横担开始,依次至下层横担,先紧中间导线,后紧两边导线。

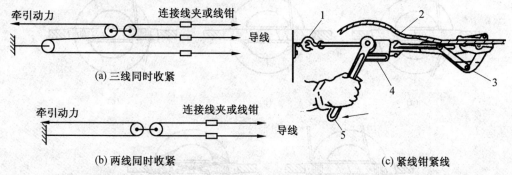

图1.19　紧线示意图
1—定位钩;2—导线;3—夹线钳头;4—收紧齿轮;5—导柄

　　②测量弧垂。导线弧垂指的是一个档距内导线下垂形成的自然弛度,也称为导线的弛度。弧垂是表示导线所受拉力的量,弧垂越小拉力越大,反之拉力越小。架空导线的弛度要求见表1.27。导线紧固后,弛度误差不应大于设计弛度的±5%,同一档距内各条导线的弛度应一致;水平排列的导线,高低差应不大于50 mm。

表1.27　架空导线的弛度要求

档距/m	导线截面面积/mm²								
	当温度为10 ℃时							下列温度时的增减值	
	10	16	25	35	50	70	95	+25 ℃	-10 ℃
铜导线弛度/mm									
30	300	300	300	400	500	600	700	+60	-120
40	400	400	400	500	600	700	800	+80	-160
50	500	600	600	600	700	800	900	+100	-200
铝导线弛度/mm									
30	360	360	360	500	620	780	900	+80	-150
40	480	480	480	620	720	800	1 040	+100	-200
50	720	720	720	750	870	1 040	1 170	+130	-250

　　测量弧垂时,采用两个规格相同的弧垂尺(弛度尺),将横尺定位在规定的弧垂数值上,两个操作者均把弧垂尺勾在靠近绝缘子的同一根导线上,导线下垂最低点和对方横尺定位点应处于同一直线上。弧垂测量应由相邻电杆横担上某一侧的一根导线开始,接着测量另一侧对应的导线,然后交叉测量第三根和第四根,以确保电杆横担受力均匀,没有因紧线出

现扭斜。

（4）导线的固定。导线在绝缘子上一般用绑扎方法来固定,绑扎方法因绝缘子形式和安装地点不同而各异,常用方法如下:

①顶绑法。顶绑法适用于1～10 kV 直线杆针式绝缘子的固定绑扎。铝导线绑扎时应于导线绑扎处先绑150 mm 长的铝包带。所用铝包带宽为10 mm、厚度为1 mm。绑线材料应与导线的材料相同,其直径在2.6～3.0 mm 范围内,其绑扎步骤如图1.20 所示。

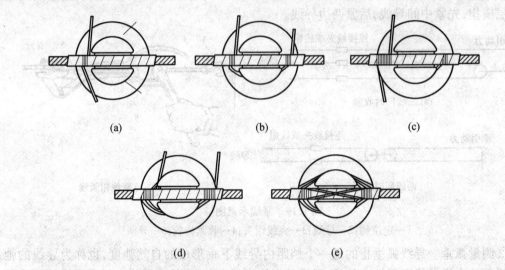

图1.20　顶绑法的绑扎步骤

②侧绑法。侧绑法适用于转角杆针式绝缘子上的绑扎,导线应放在绝缘子颈部外侧。如果由于绝缘子顶槽太浅,直线杆也可采用这种绑扎方法,侧绑法的绑扎步骤如图1.21 所示。在导线绑扎处同样要绑以铝带。

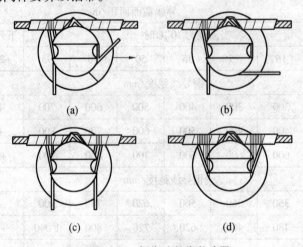

图1.21　侧绑法的绑扎步骤

③终端绑扎法。终端绑扎法适用于终端杆蝶式绝缘子的绑扎,首先在和绝缘子接触部分的铝导线上绑以铝带,然后把绑线绕成卷,在绑线一端留出一个短头,长度为200～250 mm(绑扎长度为150 mm 时,留出短头长度为200 mm;绑扎长度为200 mm 时,留出短头长度为250 mm)。将绑线短头夹在导线与折回导线之间,再用绑线在导线上绑扎,第一圈应

离蝶式绝缘子表面80 mm,绑扎到规定长度后和短头扭绞2~3圈,余线剪断压平。最后将折回导线向反方向弯曲,如图1.22所示。

④耐张线夹固定导线法。耐张线夹固定导线法是用紧线钳先收紧导线,使弧垂比所要求的数值稍小些。然后在导线需要安装线夹的部分,使用同规格的线股缠绕,在缠绕时,应从一端开始绕向另一端,其方向须与导线外股缠绕方向一致,缠绕长度须露出线夹两端各10 mm。将线夹的全部U形螺栓卸下,使耐张线夹的线槽紧贴导线缠绕部分,装上全部U形螺栓及压板,并稍拧紧,最后按顺序进行拧紧。在拧紧过程中,要使受力均衡,不要使线夹的压板偏斜及卡碰。耐张线夹固定导线法如图1.23所示。

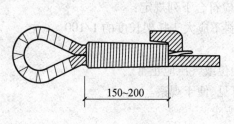

图1.22 终端绑扎法

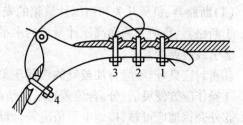

图1.23 耐张线夹固定导线法
1~4—U形螺栓

第11讲 杆上电气设备安装

(1)电气设备的安装,应符合以下规定:

①安装前应对设备进行开箱检查,设备及附件应齐全无缺陷,设备的技术参数应符合设计要求,出厂试验报告应有效。

②安装应牢固可靠。

③电气连接应接触紧密,不同的金属连接应有过渡措施。

④瓷件表面光洁,无裂纹、破损等现象。

(2)变压器的安装,应符合以下规定:

①水平倾斜不大于台架根开(固定间距)的1/100。

②变压器安装平台对地高度不应小于2.5 m。

③一、二次引线排列整齐,绑扎牢固。

④油枕、油位正常,无渗油现象,外壳应干净。

⑤接地应可靠,接地电阻值应符合设计要求。

⑥套管表面应光洁,不应有裂纹、破损现象。

⑦套管压线螺栓等部件应齐全,压线螺栓应有放松措施。

⑧呼吸器孔道应畅通,吸湿剂应有效。

⑨护罩、护具应齐全,安装应可靠。

(3)跌落式熔断器的安装,应符合以下规定:

①跌落式熔断器水平相间距离应符合设计要求。

②跌落式熔断器支架不应探入行车道路,对地距离宜为5 m,无行车碰触的郊区农田线路可降低至4.5 m。

③各部分零件应完整。

④熔丝规格应正确,熔丝两端应压紧、弹力适中,不应有损伤现象。

⑤转轴应光滑灵活,铸件不应有裂纹、砂眼、锈蚀。

⑥熔丝管不应有吸潮膨胀或弯曲现象。

⑦跌落式熔断器应安装牢固、排列整齐,熔管轴线与地面的垂线夹角应为15°～30°。

⑧操作时应灵活可靠、接触紧密,合熔丝管时上触头应有一定的压缩行程。

⑨上、下引线应压紧,线路导线线径与熔断器接线端子应匹配且连接紧密可靠。

⑩动静触头应可靠扣接。

⑪熔管跌落时不应危及其他设备及人身安全。

(4)断路器、负荷开关和高压计量箱的安装,应符合下列规定:

①断路器、负荷开关和高压计量箱的水平倾斜不应大于托架长度的1/100。

②引线应连接紧密。

③密封应良好,不应有油或气的渗漏现象,油位或气压应正常。

④操作应方便灵活,分、合位置指示应清晰可见、便于观察。

⑤外壳接地应可靠,接地电阻值应符合设计要求。

(5)隔离开关安装,应符合下列规定:

①分相安装的隔离开关水平相间距离应符合设计要求。

②操作机构应动作灵活,合闸时动静触头应接触紧密,分闸时应可靠到位。

③与引线的连接应紧密可靠。

④安装的隔离开关,分闸时宜使静触头带电。

⑤三相连动隔离开关的分、合闸同期性应满足产品技术要求。

(6)避雷器的安装,应符合下列规定:

①避雷器的水平相间距离应符合设计要求。

②避雷器与地面垂直距离不宜小于4.5 m。

③引线应短而直、连接紧密,其截面应符合设计要求。

④带间隙避雷器的间隙尺寸及安装误差应满足产品技术要求。

⑤接地应可靠,接地电阻值符合设计要求。

(7)无功补偿箱的安装,应符合下列规定:

①无功补偿箱安装应牢固可靠。

②无功补偿箱的电源引接线应连接紧密,其截面应符合设计要求。

③电流互感器的接线方式和极性应正确;引接线应连接紧固,其截面应符合设计要求。

④无功补偿控制装置的手动和自动投切功能应正常可靠。

⑤接地应可靠,接地电阻值应符合设计要求。

(8)低压交流配电箱安装,应符合下列规定:

①低压交流配电箱的安装托架应具有无法借助其攀登变压器台架的结构且安装牢固可靠。

②配置无功补偿装置的低压交流配电箱,当电流互感器安装在箱内时,接线、投运正确性要求应符合无功补偿箱的安装规定。

③设备接线应牢固可靠,电线芯线破口应在箱内,进出线孔洞应封堵。

④当低压空气断路器带剩余电流保护功能时,应使馈出线路的低压空气断路器的剩余

电流保护功能投入运行。

(9)低压熔断器和开关安装,其各部位接触应紧密,弹簧垫圈应压平,并应便于操作。

(10)低压保险丝(片)安装,应符合下列规定:

①应无弯折、压偏、伤痕等现象。

②不得用线材代替保险丝(片)。电气设备应采用颜色标志相位。相色应符合《电气装置安装工程35 kV及以下架空电力线路施工及验收规范》(GB 50173—2014)第2.0.10条的规定。

第12讲 低压架空接户线安装

(1)一般要求。低压架空接户线必须采用绝缘导线,当计算电流不大于30 A并且无三相用电设备时,宜采用单相接户线;超过30 A并且有三相用电设备时,宜采用三相接户线。低压接户杆档距不应大于25 m,大于25 m时应设接户杆。低压接户杆的档距不应超过40 m,沿墙铺设的接户杆档距不应大于6 m。接户线与其他物体、线路之间的距离应满足表1.28的规定。

表1.28 接户线与其他物体、线路之间的距离

序号	部位名称	距离规定
1	房屋有关部分	与上方窗户或阳台的垂直距离为800 mm; 与下方窗户的垂直距离为300 mm; 与下方阳台的垂直距离为800 mm; 与窗户或阳台的水平距离为800 mm; 与建筑物突出部分的距离为150 mm; 与墙壁、构架的距离为50 mm; 受电端对地距离不应小于2 500 mm
2	智能化布线	在智能化布线线路上方时垂直距离为600 mm; 在智能化布线线路下方时垂直距离为300 mm
3	街道	跨越街道的低压接户线至路面中心的垂直距离不应小于下列数值: 通车街道为6 000 mm; 通车困难的街道、人行道为3 500 mm; 跨越人行道、巷道为3 000 mm
4	建筑物	低压接户线一般不允许跨越建筑物,如必须跨越时,低压接户线在最大弧垂时,其与建筑物的垂直距离不应小于2 500 mm

(2)进户管和进户横担安装。进户管宜使用镀锌钢管,当使用硬质塑料管时,在伸出建筑物外的一段应套钢管保护,并且于钢管管口处可见到硬塑料管管口。进户管应在接户线支撑横担的正下方,垂直距离为250 mm。进户管伸出建筑物外墙不应小于150 mm,并且应加装防水弯头。进户管的周围应堵塞严密,防止雨水进入。

进户横担分为螺栓固定式、一端固定式及两端固定式等安装方式,如图1.24所示。

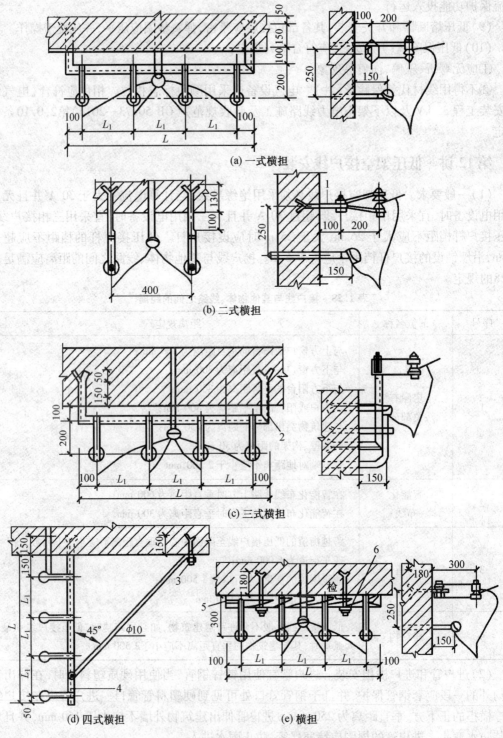

图 1.24　进户横担安装方式示意图

1—φ12 圆钢;2—40×40×4 角钢;3—M12 螺栓

4—50×50×5 角钢支架;5—80×80 木横担;6—M16 螺栓

进户横担以及预埋螺栓的埋深长度不应小于 200 mm,预埋螺栓的端部应揻成直角弯或者做成燕尾型,也可把两螺栓间距测量好后,用圆钢或者扁钢进行横向焊接连接,可防止位置偏移。预埋螺栓的外露长度,应能确保安装横担拧上螺母后,外露螺纹长度不少于 2 扣。进户横担安装应端正牢固,横担两端水平高度差不应大于 5 mm。

(3)接户线架设。低压架空接户线在电杆上和第一支撑物上,均应牢固地绑扎于绝缘子上,绝缘子安装在支架或者横担上,支架或横担应安装牢固并能承受接户线的全部拉力。导线截面面积在 16 mm² 以上时,应采用蝶式绝缘子,线间距离不应小于 150 mm。接户线的最小截面面积应满足表 1.29 规定;接户线的最小线间距离应符合表 1.30 中的规定。

表 1.29　接户线的最小截面面积

接户线架设方式	档距/m	最小截面面积/mm²	
		绝缘铜线	绝缘铝线
自电杆引下	10 以下	4	6
	10 ~ 25	6	10
沿墙敷设	6 及以下	4	6

表 1.30　接户线的最小线间距离

接户线架设方式	档距/m	最小线间距离/mm
自电杆引下	25 及以下	150
	25 以上	200
沿墙敷设	6 及以下	100
	6 以上	150

架设接户线时,应先将蝶式绝缘子和铁拉板用 M16 螺栓组装好并且安装在横担上,放开导线进行架设、绑扎。应先绑扎电杆上一端,之后绑扎进户端。

两个不同电源引入的接户线不宜同杆架设。接户线和同一电杆上的另一接户线交叉接近时,最小净空距离不应小于 100 mm,否则应套上绝缘管保护。低压接户线的中性线同相线交叉时,应保持一定距离或者采取绝缘措施。

(4)接户线与进户线导线的连接。接户线和进户线的连接,根据导线材质及截面面积的不同,可以采用单卷法和缠卷法进行连接;也可采用压接管法压接以及使用端子或并沟线夹进行连接。若遇到铜、铝连接,应设有过渡措施。

第 13 讲　高压架空接户线安装

(1)一般要求。引入线的导线截面面积不应小于以下数值:铜绞线为 16 mm²、铝绞线为 25 mm²;接户线间距不小于 450 mm;接户杆档距不宜大于 25 m,并且导线不允许有接头;接户线入口处以及穿墙套管的中心对地距离不应小于 4 m;安装避雷器时,其对地距离不应小于 3.4 m;不同金属、不同截面的接户线在电杆档距内不应连接;接户线与各种设施交叉接近时的要求,同低压架空线路的一般要求;架空引入(出)线第一基杆电杆处,宜装明显的断路设备,例如隔离开关或跌落式熔断器,以保证维修时的人身安全。

(2)高压架空接户线的做法。高压(10 kV)架空接户线受电端做法如图 1.25 和图 1.26所示。

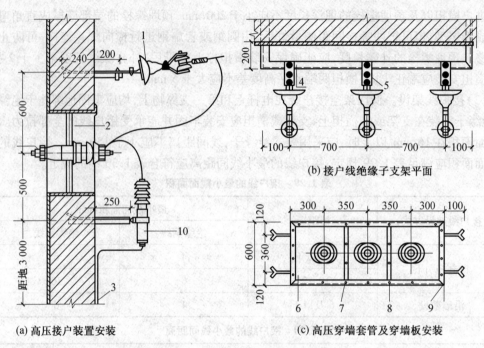

(a) 高压接户装置安装　　　　　　　　(c) 高压穿墙套管及穿墙板安装

图 1.25　高压架空接户线安装做法之一

1—悬式绝缘子；2—穿墙板；3—接地线；4—∟ 50×50×5 角钢；5—60×6 扁钢；

6—3 mm 厚钢板；7—30×4 扁钢；8—M6×25 机用螺栓；9—∟ 30×30×4 角钢；10—避雷器

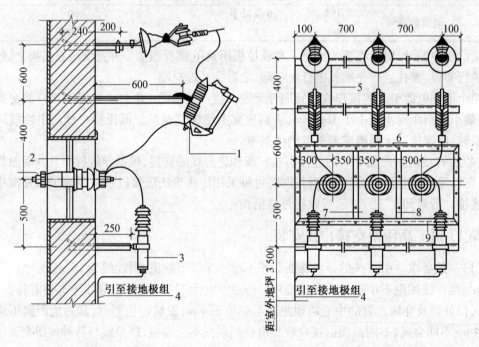

图 1.26　高压架空接户线安装做法之二

1—跌落式开关；2—穿墙板；3—避雷器；4—接地线；5—∟ 50×50×5 角钢；

6—M6×25 机用螺栓；7—3 mm 厚钢板；8—30×4 扁钢；9—∟ 30×30×4 角钢

1.3 电缆敷设

第 14 讲 电缆埋设要求

(1)在电缆线路路径上有可能使电缆受到机械损伤、化学作用、地下电流、振动、热影响、腐殖物质及虫鼠等危害的地段,应采用保护措施。

(2)电缆直埋敷设于非冻土层区时,电缆埋置深度应符合以下规定:

①电缆外皮至地下构筑物基础,不得小于 0.3 m。

②电缆外皮至地面深度,不得小于 0.7 m;当位于行车道或耕地下时,应适当加深,且不宜小于 1.0 m。

(3)直埋敷设于冻土地区时,宜埋入冻土层以下,当无法深埋时可埋设在土壤排水性好的干燥冻土层或回填土中,也可采取其他防止电缆受到损伤的措施。

(4)直埋敷设的电缆,严禁位于地下管道的正上方和正下方。电缆与电缆、管道、道路、构筑物之间平行和交叉时的最小允许净距,应符合表 1.31 的规定。

表 1.31 电缆与电缆、管道、道路、构筑物之间平行和交叉时的最小允许净距

序号	项目		最小允许净距/m		备 注
			平行	交叉	
1	电力电缆间及其与控制电缆间		—	—	(1)控制电缆间平行敷设的间距不做规定;序号 1、3 项,当电缆穿管或用隔板隔开时,平行净距可降低为 0.1 m; (2)在交叉点前后 1 m 范围内,若电缆穿入管中或用隔板隔开,交叉净距可降低为 0.25 m
	(1)10 kV 及以下		0.10	0.50	
	(2)10 kV 以上		0.25	0.50	
2	控制电缆		—	0.50	
3	不同使用部门的电缆间		0.50	0.50	
4	热力管道(管沟)及热力设备		2.0	0.50	(1)虽净距能满足要求,但是检修管路可能伤及电缆时,在交叉点前后 1 m 范围内,也应采取保护措施; (2)当交叉净距不能满足要求时,应将电缆穿入管中,则其净距可减为 0.25 m; (3)对序号第 4 项,应采取隔热措施,使电缆周围土壤的温升不超过 10 ℃; (4)电缆与管径大于 800 mm 的水管,平行间距应大于 1 m,若不能满足要求,应采取适当防电化腐蚀措施,特殊情况下,平行净距可酌减
5	油管道(管沟)		1.0	0.50	
6	可燃气体及易燃液体管道(管沟)		1.0	0.50	
7	其他管道(管沟)		0.50	0.50	
8	铁路路轨		3.0	1.0	
9	电气化铁路路轨	交流	3.0	1.0	
		直流	10.0	1.0	
10	公路		1.50	1.0	
11	城市街道路面		1.0	0.7	
12	电杆基础(边线)		1.0	—	
13	建筑物基础(边线)		0.6	—	
14	排水沟		1.0	0.5	
15	独立避雷针集中接地装置与电缆间		5.0		

注:当电缆穿管或者其他管道有防护设施(例如管道保温层等)时,表中净距应从管壁或防护设施的外壁算起

（5）电缆与铁路、公路、城市街道、厂区道路交叉时，应敷设在坚固的保护管（钢管或水泥管）或隧道内。管顶距轨道底或路面的深度不小于 1 m，管的两端伸出道路路基边各 2 m；伸出排水沟 0.5 m，在城市街道应伸出车道路面。

保护管的内径应比电缆的外径大 1.5 倍。电缆钢保护管的直径可根据表 1.32 选择，若选用钢管，则应在埋设前将管口加工成喇叭形。

表 1.32　电缆钢保护管直径选择表

钢管直径/mm	纸绝缘三芯电力电缆截面/mm²			四芯电力线缆截面/mm²
	1 kV	6 kV	10 kV	
50	≤70	≤25		≤50
70	95～150	35～70	≤60	70～120
80	185	95～150	70～120	150～185
100	240	185～240	150～240	240

（6）直埋电缆的上、下方须铺以不小于 100 mm 厚的软土或者沙层，并且盖以混凝土保护板，其覆盖宽度应超过电缆两侧各 50 mm，也可用砖块代替混凝土盖板。

（7）同沟敷设两条及以上电缆时，电缆之间，电缆与管道、道路及建筑物之间平行、交叉时的最小净距应符合表 1.31 的规定，电缆之间不得重叠、交叉、扭绞。

（8）堤坝上的电缆敷设，其要求和直埋电缆相同。

第15讲　挖样洞

在设计的电缆路线上先开挖试探样洞，以了解土壤情况和地下管线布置，如果有问题，应及时提出解决办法。样洞大小通常长为 0.4～0.5 m，宽与深均为 1 m。开挖样洞的数量可根据地下管线的复杂程度决定，一般直线部分每隔 40 m 左右开挖一个样洞；在线路转弯处、交叉路口和有障碍物的地方均需开挖样洞。开挖样洞时要仔细，不要损坏地下管线设备。

根据设计图纸和开挖样洞的资料决定电缆走向，用石灰粉画出开挖范围（宽度），一根电缆通常为 0.4～0.5 m，两根电缆为 0.6 m。

电缆需穿越道路或者铁路时，应事先将过路导管全部敷设完毕，以便于敷设电缆顺利进行。

第16讲　开挖电缆沟

挖土时应垂直开挖，不可上狭下宽，也不可掏空挖掘。挖出的土放在距沟边 0.3 m 的两侧。若遇有坚石、砖块和腐殖土则应清除，换填松软土壤。

施工地点处于交通道路附近或者较繁华的地方，其周围应设置遮拦和警告标志（日间挂红旗、夜间挂红色桅灯）。电缆沟的挖掘深度通常要求为 800 mm，还须确保电缆敷设后的弯曲半径不小于规定值。电缆接头的两端以及引入建筑物和引上电杆处，要挖出备用电缆的余留坑。

第17讲　拉引电缆

电缆敷设时，拉引电缆的方法主要包括人工拉引与机械拉引。当电缆较短较轻时，宜采用人工拉引;当电缆较重时,宜采用机械拉引。

(1)人工拉引。电缆人工拉引一般是人力拉引、滚轮及人工相结合的方法。该方法需要的施工人员较多,而且人员要定位,电缆从盘的上端引出,如图 1.27 所示。电缆拉引时,应尤其注意的是人力分布要均匀合理,负荷适当,并且要统一指挥。为防止电缆受拖拉而损伤,常将电缆放在滚轮上。此外,电缆展放中,在电缆盘两侧还应有协助推盘和负责刹盘滚动的人员。

电缆人力拉引施工之前,应先由指挥者做好施工交底工作。施工人员布局要合理,并且要统一指挥,拉引电缆速度要均匀。电缆敷设行进的领头人,必须对施工现场(电缆走向、顺序、排列、规格、型号、编号等)非常清楚,以防返工。

图 1.27　人力展放电缆示意图

(2)机械拉引。当敷设大截面、重型电缆时,宜采用机械拉引方法。机械拉引方法牵引动力包括:

①慢速卷扬机牵引。为确保施工安全,卷扬机速度在 8 m/min 左右,不可过快,电缆也不宜太长,注意防止电缆行进时受阻而被拉坏。

②拖拉机牵引旱船法。把电缆架在旱船上,在拖拉机牵引旱船骑沟行走的同时,将电缆放入沟内,如图 1.28 所示。此方法适用于冬季冻土、电缆沟以及土质坚硬的场所。敷设前应先检查电缆沟,平整沟的顶面,沿沟行走一段距离,试验确无问题时方可进行。在电缆沟土质松软以及沟的宽度较大时不宜采用。

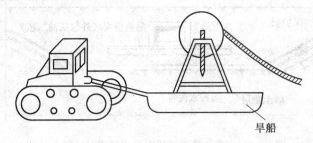

图 1.28　拖拉机牵引旱船展放电缆示意图

施工时,可用图 1.29 的做法,先将牵引端的芯线和铅(铝)包皮封焊成一体,以防芯线与铅(铝)包皮之间相对移动。做法是把特制的拉杆插在电缆芯中间,用铜线绑扎后,再用焊料把拉杆、导体、铅(铝)包皮三者焊在一起。注意封焊应严密,以防潮气入内。

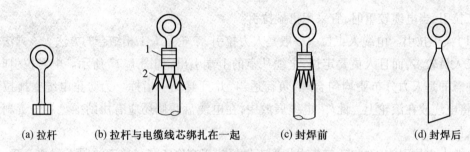

(a)拉杆　　(b)拉杆与电缆线芯绑扎在一起　　(c)封焊前　　(d)封焊后

图1.29　电缆末端封焊拉杆做法
1—绑线;2—铅(铝)包皮

第18讲　敷设电缆

(1)直埋电缆敷设之前,应在铺平夯实的电缆沟内先铺一层100 mm厚的细砂或软土,作为电缆的垫层。直埋电缆周围是铺细砂好还是铺软土好,应视各地区的情况而定。

软土或细砂中不应含有石块或其他硬质杂物。如果土壤中含有酸或碱等腐蚀性物质,则不能做电缆垫层。

(2)在电缆沟内放置滚柱,其间距和电缆单位长度的质量有关,通常每隔3~5 m放置一个(在电缆转弯处应加放一个),以不使电缆下垂碰地为原则。

(3)电缆放在沟底时,边敷设边检查电缆损伤与否。放电缆的长度不要控制过紧,应按全长预留1.0%~1.5%的裕量,并做波浪状摆放。在电缆接头处也要留出裕量。

(4)直埋电缆敷设时,严禁把电缆平行敷设在其他管道的上方或下方,并且应符合下列要求:

①电缆与热力管线交叉或接近时,如果不能满足表1.31所列数值要求时,应在接近段或交叉点前后1 m范围内做隔热处理,方法如图1.30所示,使电缆周围土壤的温升不高于10 ℃。

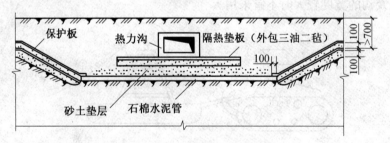

图1.30　电缆与热力管线交叉或接近时的隔热处理

②电缆和热力管线平行敷设时距离不应小于2 m。如果有一段不能满足要求,可以减小但是不得小于500 mm。此时,应在同电缆接近的一段热力管道上加装隔热装置,使电缆周围土壤的温升不得超过10 ℃。

③电缆与热力管道交叉敷设时,其净距虽能符合不小于500 mm的要求,但是检修管路时可能伤及电缆,应在交叉点前后1 m的范围内采取保护措施。

如果将电缆穿入石棉水泥管中加以保护,其净距可减为250 mm。

(5)10 kV及以下电力电缆之间,以及10 kV及以下电力电缆和控制电缆之间平行敷设时,最小净距为 100 mm。10 kV 以上电力电缆之间及 10 kV 以上电力电缆和 10 kV 及以下电力电缆或与控制电缆之间平行敷设时,最小净距为 250 mm。特殊情况下,10 kV 以上电缆之间及与相邻电缆间的距离可以降低为 100 mm,但应选用加间隔板电缆并列方案;若电缆均穿在保护管内,并列间距也可降至 100 mm。

(6)电缆沿坡度敷设的允许高差及弯曲半径应满足要求,电缆中间接头应保持水平。多根电缆并列敷设时,中间接头的位置宜互相错开,其净距不宜小于 500 mm。

(7)电缆铺设完之后,再在电缆上面覆盖 100 mm 的细砂或软土,然后盖上保护板(或砖),覆盖宽度应超出电缆两侧各 50 mm。板与板连接处应紧靠。

(8)覆土前,沟内若有积水则应抽干。覆盖土要分层夯实,最后清理场地,做好电缆走向记录,并且应在电缆引出端、终端、中间接头以及直线段每隔 100 m 处和走向有变化的部位挂标志牌。

标志牌可采用 C15 钢筋混凝土预制,如图 1.31 所示为安装方法。标志牌上应注明线路编号、电压等级、电缆型号、截面、起止地点及线路长度等内容,以便维修。标志牌规格宜统一,字迹应清晰不易脱落。标志牌挂装应牢固。

(9)在含有酸碱、矿渣及石灰等场所,电缆不应直埋;若必须直埋,应采用缸瓦管、水泥管等防腐保护措施。

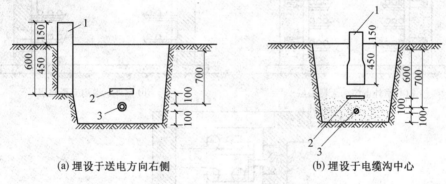

(a)埋设于送电方向右侧　　　　(b)埋设于电缆沟中心

图 1.31　直埋电缆标志牌的装设

1—电缆标志牌;2—保护板;3—电缆

第 19 讲　电缆支架安装

(1)一般规定。

①电缆在电缆沟内及竖井敷设前,土建专业应依据设计要求完成电缆沟及电缆支架的施工,以便电缆敷设在沟内壁的角钢支架上。

②电缆支架自行加工时,钢材应平直,没有显著扭曲。下料后长短差应在 5 mm 范围内,切口无卷边和毛刺。钢支架采用焊接时,不要有显著的变形。

③支架安装应牢固、横平竖直。同一层的横撑应位于同一水平面上,其高低偏差不应大于 5 mm;支架上各横撑的垂直距离,其偏差不应大于 2 mm。

④在有坡度的电缆沟内,其电缆支架要保持同一坡度(也适用于有坡度的建筑物上的电缆支架)。

⑤支架同预埋件焊接固定时,焊缝应饱满;用膨胀螺栓固定时,选用螺栓应适配,连接紧

固,防松零件齐全。

⑥沟内钢支架必须经过防腐处理。

(2)电缆沟内支架安装。电缆在沟内敷设时,需用支架支撑或者固定,因此支架的安装非常重要,其相互间距是否恰当,将会影响通电后电缆的散热状况、日常巡视、维护及检修等。

①若设计无要求,电缆支架最上层至沟顶的距离不应小于200 mm;电缆支架间平行距离不小于100 mm,垂直距离为150～200 mm;电缆支架最下层距沟底的距离不应小于100 mm,如图1.32所示。

②室内电缆沟盖应与地面相平,对地面容易积水的地方,可用水泥砂浆将盖间的缝隙填实。室外电缆沟无覆盖层时,盖板高出地面不小于100 mm,如图1.32(a)所示;有覆盖层时,盖板在地面下300 mm处,如图1.32(b)所示。盖板搭接应有防水措施。

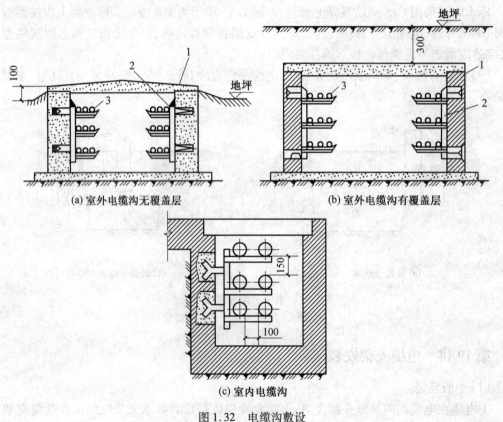

(a) 室外电缆沟无覆盖层　　　　　　(b) 室外电缆沟有覆盖层

(c) 室内电缆沟

图1.32　电缆沟敷设
1—接地线;2—支架;3—电缆

(3)电气竖井支架安装。电缆在竖井内沿支架垂直敷设时,可以采用扁钢支架。支架的长度可根据电缆的直径和根数确定。

扁钢支架和建筑物的固定应采用M10×80 mm的膨胀螺栓紧固。支架每隔1.5 m设置1个,竖井内支架最上层距竖井顶部或楼板的距离不小于200 mm,底部与楼(地)面的距离不宜小于300 mm。

(4)电缆支架接地。为保护人身安全及供电安全,金属电缆支架、电缆导管必须与PE线或PEN线可靠连接。如果整个建筑物要求等电位连接,则更应如此。此外,接地线宜使用直径不小于φ12镀锌圆钢,并且应在电缆敷设前与全长支架逐一焊接。

第20讲 电缆沟内电缆敷设与固定

(1)电缆敷设。电缆在电缆沟内敷设,首先要挖好一条电缆沟,电缆沟壁要用防水水泥砂浆抹面,然后把电缆敷设在沟壁的角钢支架上,最后盖上水泥板。电缆沟的尺寸依据电缆多少(通常不宜超过12根)而定。

该敷设方法较直埋式投资高,但检修方便,可以容纳较多的电缆,在厂区的变、配电所中应用很广。在容易积水的地方,应考虑开挖排水沟。

①电缆敷设前,应先检验电缆沟和电缆竖井,电缆沟的尺寸以及电缆支架间距应符合设计要求。

②电缆沟应平整,并且有0.1%的坡度。沟内要保持干燥,能防止地下水浸入。沟内应设置适当数量的积水坑,及时将沟内积水排出,一般每隔50 m设一个,积水坑的尺寸以400 mm×400 mm×400 mm为宜。

③敷设在支架上的电缆,按电压等级排列,高压在上面,低压在下面,控制和通信电缆在最下面。如果两侧装设电缆支架,则电力电缆与控制电缆、低压电缆应分别安装在沟的两边。

④电缆支架横撑间的垂直净距,如果无设计规定,一般对电力电缆不小于150 mm;对控制电缆不小于100 mm。

⑤在电缆沟内敷设电缆时,其水平间距不得小于以下数值:

a.电缆敷设在沟底时,电力电缆间为35 mm,但不小于电缆外径尺寸;不同级电力电缆与控制电缆间为100 mm;控制电缆间距不做规定。

b.电缆支架间的距离应按设计规定施工,如果设计无规定,则不应大于表1.33的规定值。

表1.33 电缆支架之间的距离   m

电缆种类	支架敷设方式	
	水平	垂直
电力电缆(橡胶及其他油浸纸绝缘电缆)	1.0	2.0
控制电缆	0.8	1.0

注:水平与垂直敷设包括沿墙壁、构架、楼板等处所非支架固定

⑥电缆在支架上敷设时,拐弯处的最小弯曲半径应满足电缆最小允许弯曲半径。

⑦电缆表面距地面的距离不应小于0.7 m,穿越农田时不应小于1 m;66 kV及以上电缆不应小于1 m。只有在引入建筑物、与地下建筑物交叉及绕过地下建筑物处,可以埋设浅些,但是应采取保护措施。

⑧电缆应埋设于冻土层以下;当无法深埋时,应采取保护措施,以避免电缆受到损坏。

(2)电缆固定。

①垂直敷设的电缆或者大于45°倾斜敷设的电缆在每个支架上均应固定。

②交流单芯电缆或分相后的每相电缆固定用的夹具及支架,不形成闭合铁磁回路。

③电缆排列应整齐,尽量减少交叉。如果设计无要求,电缆支撑点的间距应符合表1.34

的规定。

④当设计无要求时,电缆与管道的最小净距应符合表1.35的规定,并且应敷设于易燃易爆气体管道下方。

表1.34 电缆支撑点间距   mm

电缆种类		敷设方式	
		水平敷设	垂直敷设
电力电缆	全塑型	400	1 000
	除全塑型外的电缆	800	1 500
控制电缆		800	1 000

表1.35 电缆与管道的最小净距   m

管道类别		平行净距	交叉净距
一般工艺管道		0.4	0.3
易燃易爆气体管道		0.5	0.5
热力管道	有保温层	0.5	0.3
	无保温层	1.0	0.5

第21讲 电缆竖井内电缆敷设

(1)电缆布线。电缆竖井内比较常用的布线方式为金属管、金属线槽、电缆或电缆桥架及封闭母线等。在电缆竖井内除敷设干线回路外,还可设置各层的电力、照明分线箱以及弱电线路的端子箱等电气设备。

①竖井内高压、低压以及应急电源的电气线路,相互间应保持0.3 m及以上距离或采取隔离措施,并且高压线路应设有明显标志。

②强电和弱电如果受条件限制必须设在同一竖井内,应分别布置在竖井两侧,或采取隔离措施,以防止强电对弱电的干扰。

③电缆竖井内应敷设有接地干线与接地端子。

④在建筑物较高的电缆竖井内垂直布线时(有资料介绍超过100 m),需考虑以下因素:

a.顶部最大变位和层间变位对干线的影响。为确保线路的运行安全,在线路的固定、连接及分支上应采取相应的防变位措施。高层建筑物垂直线路的顶部最大变位及层间变位是建筑物由于地震或风压等外部力量的作用而产生的。建筑物的变位必然影响到布线系统,这个影响对封闭式母线、金属线槽的影响最大,金属管布线次之,电缆布线最小。

b.要考虑好电线、电缆及金属保护管、罩等自重带来的荷重影响以及导体通电之后,由于热应力、周围的环境温度经常变化而产生的反复荷载(材料的潜伸)和线路因为短路时的电磁力而产生的荷载,要充分研究支撑方式以及导体覆盖材料的选择。

c.垂直干线与分支干线的连接方法,直接影响供电的可靠性及工程造价,必须进行充分研究。尤其应注意铝芯导线的连接及铜—铝接头的处理问题。

(2)电缆敷设。敷设在竖井内的电缆,电缆的绝缘或者护套应具有非延燃性,通常采用聚氯乙烯护套细钢丝铠装电力电缆,因为此类电缆能承受的拉力较大。

①在多、高层建筑中，通常低压电缆由低压配电室引出后，沿电缆隧道、电缆沟或电缆桥架进入电缆竖井，然后沿支架或桥架垂直上升。

②电缆在竖井内沿支架垂直布线。所用的扁钢支架和建筑物之间应采用 M10×80 mm 的膨胀螺栓紧固。支架设置距离为 1.5 m，底部支架距楼（地）面的距离不应小于 300 mm。扁钢支架上，电缆宜采用管卡子固定，各电缆间的距离不应小于 50 mm。

③电缆沿支架的垂直安装如图 1.33 所示。小截面电缆在电气竖井内布线，也可以沿墙敷设，此时，可使用管卡子或单边管卡子用 $\phi6×30$ mm 塑料胀管固定，如图 1.34 所示。

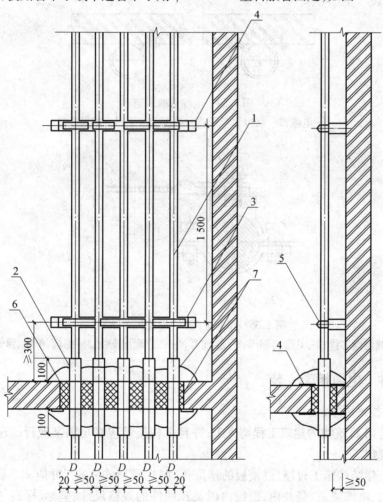

图 1.33　电缆沿支架的垂直安装

1—电缆；2—电缆保护管；3—支架；4—膨胀螺栓；5—管卡子；6—防火隔板；7—防火堵料

④电缆在穿过楼板或者墙壁时，应设置保护管，并且用防火隔板和防火堵料等做好密封隔离，保护管两端管口空隙应做密封隔离。

⑤电缆布线过程中，垂直干线与分支干线的连接一般采用"T"接方法。为了接线方便，树干式配电系统电缆应尽量采用单芯电缆，单芯电缆"T"形接头大样如图 1.35 所示。

⑥电缆敷设过程中，固定单芯电缆应使用单边管卡子，以使单芯电缆在支架上的感应涡流减少。

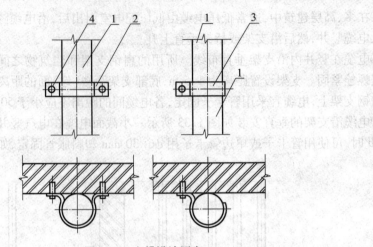

图1.34　电缆沿墙固定

1—电缆;2—双边管卡子;3—单边管卡子;4—塑料胀管

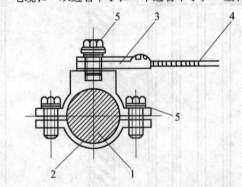

图1.35　单芯电缆"T"形接头大样图

1—干线电缆芯线;2—U形铸铜卡;3—接线耳;4—"T"形出支线;5—螺栓、垫圈、弹簧垫圈

第22讲　电缆桥架安装

(1)安装技术要求。

①相关建(构)筑物的建筑工程均完工,并且工程质量应满足国家现行的建筑工程质量验收规范的规定。

②配合土建结构施工过墙、过楼板的预留孔(洞),预埋铁件的尺寸应满足设计规定。

③电缆沟、电缆隧道、竖井内、顶棚内以及预埋件的规格尺寸、坐标、标高、间隔距离、数量不应遗漏,应符合设计图规定。

④电缆桥架安装部位的建筑装饰工程全部结束。

⑤通风及暖卫等各种管道施工已经完工。

⑥材料及设备全部进入现场经检验合格。

(2)安装要求。

①电缆桥架水平敷设时,跨距一般为1.5~3.0 m;垂直敷设时其固定点间距不宜大于2.0 m。当支撑跨距不大于6 m时,需要选用大跨距电缆桥架;当跨距大于6 m时,必须进行特殊加工订货。

②电缆桥架在竖井中穿越楼板外,在孔洞周边抹 5 cm 高的水泥防水台,待桥架布线安装完后,洞口用难燃物件封堵死。电缆桥架穿墙或者楼板孔洞时,不应将孔洞抹死,桥架进出口孔洞收口平整,并且留有桥架活动的余量。如果孔洞需封堵,可采用难燃的材料封堵好墙面抹平。电缆桥架在穿过防火隔墙及防火楼板时,应采取隔离措施。

③电缆梯架、托盘水平敷设时距地面高度不宜低于 2.5 m,垂直敷设时不低于 1.8 m,低于以上高度时应加装金属盖板保护,但敷设在电气专用房间(例如配电室、电气竖井、电缆隧道、设备层)内除外。

④电缆梯架、托盘多层敷设时其层间距离一般为控制电缆间不小于 0.20 m,电力电缆间应不小于 0.30 m,弱电电缆与电力电缆间应不小于 0.5 m;如果有屏蔽盖板(防护罩)可减小到 0.3 m,桥架上部距顶棚或其他障碍物应不小于 0.3 m。

⑤电缆梯架、托盘上的电缆可无间距敷设。电缆在梯架及托盘内横断面的填充率,电力电缆应不大于 40%,控制电缆应不大于 50%。在电缆桥架经过伸缩沉降缝时应断开,断开距离以 100 mm 左右为宜。其桥架两端用活动插铁板连接不宜固定。电缆桥架内的电缆应在首端、尾端、转弯以及每隔 50 m 处设有注明电缆型号、编号、规格及起止点等标记牌。

⑥下列不同电压、不同用途的电缆如:1 kV 以上及 1 kV 以下电缆;向一级负荷供电的双路电源电缆;应急照明和其他照明的电缆;强电与弱电电缆等不宜敷设在同一层桥架上,如果受条件限制,必须安装在同一层桥架上时,应用隔板隔开。

⑦强腐蚀或特别潮湿等环境中的梯架及托盘布线,应采取可靠而有效的防护措施。与此同时,敷设在腐蚀气体管道与压力管道的上方以及腐蚀性液体管道的下方的电缆桥架应采用防腐隔离措施。

(3)吊(支)架的安装。吊(支)架一般采用标准的托臂和立柱进行安装,也有的采用自制加工吊架或支架进行安装。通常,为了确保电缆桥架的工程质量,应优先采用标准附件。

①标准托臂和立柱的安装。当采用标准的托臂和立柱进行安装时,其要求如下:

a. 成品托臂的安装。成品托臂的安装包括沿顶板安装、沿墙安装以及沿竖井安装等方式。成品托臂的固定多采用 M10 以上的膨胀螺栓进行。

b. 成品立柱的安装。成品立柱由底座和立柱组成,其中立柱采用工字钢、角钢、槽型钢、异型钢及双异型钢构成,立柱与底座的连接可采用螺栓固定和焊接。其固定多采用 M10 以上的膨胀螺栓进行。

c. 成品方形吊架安装。成品方形吊架由吊杆及方形框组成,其固定方式可采用焊接预埋铁固定或直接固定吊杆,然后组装框架。

②自制支(吊)架的安装。自制吊架及支架进行安装时,应根据电缆桥架及其组装图进行定位划线,并且在固定点进行打孔和固定。固定间距和螺栓规格由工程设计确定,如果设计无规定,可根据桥架质量及承载情况选用。

自行制作吊架或支架时,应按下列规定进行:

a. 根据施工现场建筑物结构类型和电缆桥架造型尺寸与质量,决定选用工字钢、槽钢、角钢、圆钢或者扁钢制作吊架或支架。

b. 吊架或支架制作尺寸和数量,依据电缆桥架布置图确定。

c. 确定选用钢材后,按尺寸进行断料制作,断料禁止气焊切割,加工尺寸允许最大误差为+5 mm。

d. 型钢架的撅弯宜使用台钳用手锤打制,也可以使用油压撅弯器用模具顶制。

e. 支架、吊架需钻孔处,孔径不得大于固定螺栓 2 mm,禁止采用电焊或气焊割孔,以免产生应力集中。

(4)电缆桥架敷设安装。

①根据电缆桥架布置安装图,对预埋件或者固定点进行定位,沿建筑物敷设吊架或支架。

②直线段电缆桥架安装,在直线端的桥架互相接槎处,可使用专用的连接板进行连接,接槎处要求缝隙平密平齐,在电缆桥架两边外侧面用螺母固定。

③电缆桥架在十字交叉与丁字交叉处施工时,可采用定型产品水平四通、水平三通、垂直四通、垂直三通等进行连接,应以接槎边为中心向两端各大于 300 mm 处,增加吊架或者支架进行加固处理。

④电缆桥架在上、下、左、右转弯处,应使用定型的水平弯通、转动弯通及垂直凹(凸)弯通。上、下弯通进行连接时,其接槎边为中心两边各大于 300 mm 处,连接时须增加吊架或支架进行加固。

⑤对于表面有坡度的建筑物,桥架敷设应随其坡度变化。也可以采用倾斜底座,或调角片进行倾斜调节。

⑥电缆桥架与盒、箱、柜、设备接口,应采用定型产品的引下装置进行连接,并要求接口处平齐,缝隙均匀严密。

⑦电缆桥架的始端和终端应封堵牢固。

⑧电缆桥架安装时必须待整体电缆桥架调整满足设计图和规范规定后,再进行固定。

⑨电缆桥架整体与吊(支)架的垂直度与横档的水平度,应满足规范要求;待垂直度与水平度合格,电缆桥架上、下各层都对齐之后,最后将吊(支)架固定牢固。

⑩电缆桥架敷设安装完毕后,经检查确认合格,清扫电缆桥架内外后,进行电缆线路敷设。

⑪在竖井中敷设合格电缆时,应安装防坠落卡,用来保护线路不下坠。

⑫敷设在电缆桥架内的电缆不应有接头,接头应设置于接线箱内。

(5)电缆桥架保护接地。在建筑电气工程中,电缆桥架多数为钢质产品,较少采用在工业工程中为减少腐蚀而使用的非金属桥架及铝合金桥架。为了确保供电干线电路的使用安全,电缆桥架的接地或接零必须可靠。

①电缆桥架应装置可靠的电气接地保护系统。外露导电系统必须同保护线连接。在接地孔处,应将任何不导电涂层和类似的表层清理干净。

②为确保钢质电缆桥架系统有良好的接地性能,托盘与梯架之间接头处的连接电阻值不应大于 0.000 33 Ω。

③金属电缆桥架和其支架以及引入或引出的金属导管必须与 PE 或 PEN 线可靠连接,并且必须符合下列规定:

a. 金属电缆桥架及其支架与 PE 或 PEN 连接处应不少于两处。

b. 非镀锌电缆桥架连接板的两端跨接铜芯接地线,接地线的最小允许截面积应不小于 4 mm^2。

c. 镀锌电缆桥架间连接板的两端不跨接接地线,但连接板两端不少于两个有防松螺帽或防松螺圈的连接固定螺栓。

④当利用电缆桥架作为接地干线时,为确保桥架的电气通路,在电缆桥架的伸缩缝或者软连接处需采用编织铜线连接,如图1.36所示。

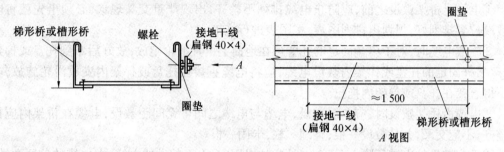

图1.36　接地干线安装

⑤对于多层电缆桥架,当借助桥架的接地保护干线时,应将各层桥架的端部用 16 mm^2 的软铜线并联连接起来,再同总接地干线相通。长距离电缆桥架每隔 30～50 m 距离接地一次。

⑥在具有爆炸危险场所安装的电缆桥架,如果无法与已有的接地干线连接,必须单独敷设接地干线进行接地。

⑦沿桥架全长敷设接地保护干线时,每段(包括非直线段)托盘、梯架应至少有一点同接地保护干线可靠连接。

⑧在有振动的场所,接地部位的连接处应装置弹簧垫圈,防止由于振动引起连接螺栓松动,中断接地通路。

(6)桥架表面处理。钢质桥架的表面处理方式,应按工程环境条件、重要性、耐火性及技术经济性等因素进行选择。通常情况宜按表1.36选择适于工程环境条件的表面防腐处理方式。当采用表中"T"类防腐方式为镀锌镍合金、高纯化等其他防腐处理的桥架,应按照规定试验验证,并且应具有明确的技术质量指标及检测方法。

表1.36　表面防腐处理方式选择

环境条件				防腐层类别						
类别		代号	等级	涂漆 Q	电镀锌 D	喷涂粉末 P	热浸镀锌 R	DP	RQ	其他 T
								复合层		
户内	一般　普通型	J	3K5L、3K6	○	○	○				在符合相关规定的情况下确定
	0类　湿热型	TH	3K5L	○	○	○	○			
	1类　中腐蚀性	F1	3K5L、3C3	○	○	○	○	○	○	
	2类　强腐蚀性	F2	3K5L、3C4			○	○	○	○	
户外	0类　轻腐蚀性	W	4K2、4C2	○	○	○	○	○	○	
	1类　中腐蚀性	WF1	4K2、4C3		○	○	○	○	○	

注:符号"○"表示推荐防腐类别

第23讲　桥架内电缆敷设

（1）电缆敷设。

①电缆沿桥架敷设之前，应防止电缆排列不整齐，出现严重交叉现象，必须事先就将电缆敷设位置排列好，规划出排列图表，按图表进行施工。

②施放电缆时，对于单端固定的托臂可在地面上设置滑轮施放，放好后拿到托盘或梯架内；双吊杆固定的托盘或梯架内敷设电缆，应将电缆直接在托盘或梯架内安放滑轮施放，电缆不得直接在托盘或梯架内拖拉。

③电缆沿桥架敷设时，应单层敷设，电缆与电缆之间可无间距敷设，电缆在桥架内应排列整齐，不应交叉，并且敷设一根，整理一根，卡固一根。

④垂直敷设的电缆每隔1.5～2 m处应加以固定；水平敷设的电缆，在电缆的首尾两端、转弯及每隔5～10 m处进行固定，对电缆在不同标高的端部也应进行固定；大于45°倾斜敷设的电缆，每隔2 m设一固定点。

⑤电缆可用尼龙卡带、绑线或者电缆卡子进行固定。为了运行中巡视、维护和检修的方便，在桥架内电缆的首端、末端及分支处应设置标志牌。

⑥电缆出入电缆沟、竖井、建筑物、柜（盘）、台处以及导管管口处等进行密封处理。出入口、导管管口的封堵目的是防火、防小动物入侵、防异物跌入的需要，均是为安全供电而设置的技术防范措施。

⑦在桥架内敷设电缆，每层电缆敷设完成后应进行检查；全部敷设完成之后，经检验合格，才能盖上桥架的盖板。

（2）敷设质量要求。

①在桥架内电力电缆的总截面（包括外护层）不应大于桥架有效横断面的40%，控制电缆不应大于50%。

②电缆桥架内敷设的电缆，在拐弯处电缆的弯曲半径应以最大截面电缆允许弯曲半径为准，电缆敷设的弯曲半径与电缆外径的比值不应小于表1.37的规定。

表1.37　电缆敷设的弯曲半径与电缆外径的比值

电缆护套类型		电力电缆		控制电缆
		单芯	多芯	多芯
金属护套	铅	25	15	15
	铝	30	30	30
	皱纹铝套和皱纹钢套	20	20	20
非金属护套		20	15	无铠装 10
				有铠装 15

③室内电缆桥架布线时，为了防止发生火灾时火焰蔓延，电缆不应用黄麻或其他易燃材料做外护层。

④电缆桥架内敷设的电缆，应在电缆的首端、尾端、转弯及每隔50 m处，设有编号、型号以及起止点等标记，标记应清晰齐全，挂装整齐无遗漏。

⑤电缆桥架内电缆敷设完毕后，应及时清理杂物，有盖的可盖好盖板，并且进行最后

调整。

第 24 讲　电缆低压架空敷设

(1)适用条件。当地下情况复杂,不宜使用电缆直埋敷设,并且用户密度高、用户的位置和数量变动较大,今后需要扩充和调整以及总图无隐蔽要求时,可以采用架空电缆。但是在覆冰严重地面不宜采用架空电缆。

(2)施工材料。架空电缆线路的电杆,应使用钢筋混凝土杆,采用定型产品,电杆的构件要求应符合国家标准。在有条件的地方,宜采用岩石的底盘、卡盘及拉线盘,应选择结构完整、质地坚硬的石料(例如花岗岩等),并进行强度试验。

(3)敷设要求。

①电杆的埋设深度不应小于表 1.38 所列数值,也就是除 15 m 杆的埋设深度不小于2.3 m 外,其余电杆埋设深度不应小于杆高的 1/10 加 0.7 m。

表 1.38　电杆的埋设深度　　　　　　　　　　　　m

杆高	8	9	10	11	12	13	15
埋深	1.5	1.6	1.7	1.8	1.9	2	2.3

②架空电缆线路应采用抱箍和不小于 7 根 $\phi3$ mm 的镀锌铁绞线或具有同等强度及直径的绞线作为吊线敷设,每条吊线上宜架设一根电缆。

当杆上设有两层吊线时,上、下两吊线之间的垂直距离不应小于 0.3 m。

③架空电缆与架空线路同杆敷设时,电缆应在架空线路的下面,电缆和最下层的架空线路横担的垂直间距不应小于 0.6 m。

④架空电缆在吊线上以吊钩吊挂,吊钩之间的间距不应大于 0.5 m。

⑤架空电缆与地面的最小净距不应小于表 1.39 所列数值。

表 1.39　架空电缆与地面的最小净距　　　　　　　　　　　　m

线路通过地区	线路电压	
	高压	低压
居民区	6	5.5
非居民区	5	4.5
交通困难地区	4	3.5

第 25 讲　电缆在桥梁上敷设

(1)木桥上敷设的电缆应穿在钢管中,一方面能加强电缆的机械保护,另一方面能避免由于电缆绝缘击穿,发生短路故障电弧损坏木桥或者引起火灾。

(2)在其他结构的桥上,例如钢结构或者钢筋混凝土结构的桥梁上敷设电缆,应在人行道下设电缆沟或穿入由耐火材料制成的管道中,保证电缆和桥梁的安全。在人不易接触处,电缆可在桥上裸露敷设,但是,为了不降低电缆的输送容量及避免电缆保护层加速老化,应有避免太阳直接照射的措施。

(3)悬吊架设的电缆与桥梁构架之间的净距不应小于 0.5 m。

（4）在经常受到振动的桥梁上敷设的电缆，应有防振措施，以避免电缆长期受振动，造成电缆保护层疲劳龟裂，加速老化。

（5）对于桥梁上敷设的电缆，在桥墩两端和伸缩缝处的电缆，应留有松弛部分。

第26讲　电缆保护管的连接

（1）电缆保护钢管连接。电缆保护钢管连接时，应采用大一级短管套接或者采用管接头螺纹连接，采用短套管连接施工方便，采用管接头螺纹连接较为美观。为了保证连接后的强度，管连接处短套管或带螺纹的管接头的长度，不应小于电缆管外径的2.2倍，均应确保连接牢固，密封良好，两连接管管口应对齐。

电缆保护钢管连接时，不宜直接对焊，因为直接对焊时，可能在接缝内部出现焊瘤，穿电缆时会损伤电缆。在暗配电缆保护钢管时，在两连接管的管口处打好喇叭口再进行对焊，且两连接管对口处应在同一管轴线上。

（2）硬质聚氯乙烯电缆保护管连接。硬质聚氯乙烯电缆保护管常用的连接方法包括插接连接与套管连接两种。

①插接连接。硬质聚氯乙烯电缆保护管在插接连接时，先把两连接端部管口进行倒角，如图1.37所示，然后清洁两个端口接触部分的内、外面，如果有油污则用汽油等溶剂擦净。接着，可将连接管承口端均匀加热，加热部分的长度为插接部分长度的1.2～1.5倍，当加热至柔软状态后即将金属模具（或木模具）插入管中，待浇水冷却后将模具抽出。

为了保证连接牢固可靠、密封良好，其插入深度宜是管子内径的1.1～1.8倍，在插接面上应涂以胶合剂粘牢密封。涂好胶合剂插入之后，再次略加热承口端管子，然后急骤冷却，使其连接牢固，如图1.38所示。

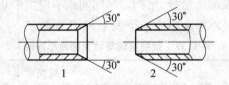

图1.37　连接管管口加工

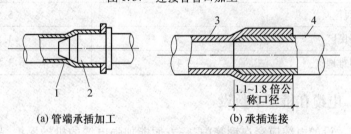

(a)管端承插加工　　　　　　(b)承插连接

图1.38　管口承插做法

1—硬质聚氯乙烯管；2—模具；3—阴管；4—阳管

②套管连接。在采用套管连接时，套管长度不应比连接管内径的1.5～3倍小，套管两端应以胶合剂粘接或进行封焊连接。采用套管连接时，做法如图1.39所示。

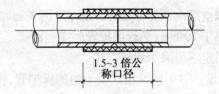

1.5~3 倍公
称口径

图 1.39　硬质聚氯乙烯管套管连接

第27讲　电缆保护管的敷设

（1）敷设要求。

①直埋电缆敷设时,应按照要求事先埋设好电缆保护管,待电缆敷设时穿在管内,以保护电缆避免损伤及方便更换和便于检查。

②电缆保护钢、塑管的埋设深度不应小于0.7 m,直埋电缆当埋设深度大于1.1 m 时,可以不再考虑上部压力的机械损伤,也就是不需要再埋设电缆保护管。

③电缆与铁路、公路、城市街道、厂区道路下交叉时应敷设在坚固的保护管内,通常多使用钢保护管,埋设深度不应小于1 m,管的长度除应满足路面的宽度外,保护管的两端还应两边各伸出道路路基2 m;伸出排水沟0.5 m;在城市街道应伸出车道路面。

④直埋电缆与热力管道、管沟平行或者交叉敷设时,电缆应穿石棉水泥管保护,并且应采取隔热措施。电缆与热力管道交叉时,敷设的保护管两端各伸出长度不应小于2 m。

⑤电缆保护管与其他管道(例如水、石油及煤气管)以及直埋电缆交叉时,两端各伸出长度不应小于1 m。

（2）高强度保护管的敷设地点。在以下地点,需敷设具有一定机械强度的保护管保护电缆:

①电缆进入建筑物、隧道,穿过楼板及墙壁处。

②从沟道引至电杆、设备、墙外表面或屋内行人容易接近处,距地面高度2 m 及以下的一段。

③可能有载重设备已经在电缆上面的区段。

④其他可能受到机械损伤的地方。

（3）明敷电缆保护管。

①明敷的电缆保护管与土建结构平行时,一般采用支架固定在建筑结构上,保护管装设在支架上。支架应均匀布置,支架间距不宜大于表1.40 中的数值,以免保护管出现垂度。

表 1.40　电缆管支撑点间最大允许距离　　　　　　　　　　　　　　mm

电缆管直径	硬质塑料管	钢　管		电缆管直径	硬质塑料管	钢　管	
		薄壁钢管	厚壁钢管			薄壁钢管	厚壁钢管
25 及以下	1 000	1 000	1 500	40 ~ 50	—	2 000	2 500
25 ~ 32	—	1 500	2 000	50 ~ 70	2 000	—	—
32 ~ 40	1 500	—	—	70 以上	—	2 500	3 000

②如果明敷的保护管为塑料管,其直线长度超过30 m 时,宜每隔30 m 加装一个伸缩节,以消除由于温度变化引起管子伸缩带来的应力影响。

③保护管和墙之间的净空距离不得小于 10 mm；与热表面净空距离不得小于 200 mm；交叉保护管净空距离不宜小于 10 mm；平行保护管间净空距离不宜小于 20 mm。

④明敷金属保护管的固定不得采用焊接方法。

（4）混凝土内保护管敷设。对于埋设在混凝土内的保护管，在浇筑混凝土之前应按实际安装位置量好尺寸，下料加工。管子敷设后应加以支撑和固定，以避免在浇筑混凝土时受振而移位。保护管敷设或弯制前应进行疏通及清扫，一般采用铁丝绑上棉纱或破布穿入管内清除脏污，检查通畅情况，在保证管内光滑畅通后，把管子两端暂时封堵。

（5）电缆保护钢管顶过路敷设。当电缆直埋敷设线路时，其所通过的地段有时会与铁路或交通频繁的道路交叉，由于不可能较长时间地断绝交通，因此常采用不开挖路面的顶管方法。

不开挖路面的顶管方法，即在铁路或道路的两侧各挖掘一个作业坑，通常可用顶管机或油压千斤顶将钢管从道路的一侧顶至另一侧。顶管时，应将千斤顶、垫块及钢管放在轨道上用水准仪和水平仪将钢管找平调正，并且应对道路的断面有充分的了解，以免把管顶坏或顶坏其他管线。被顶钢管不宜做成尖头，以平头为好，尖头容易在碰到硬物时产生偏移。

在顶管时，为避免钢管头部变形并且阻止泥土进入钢管和提高顶管速度，也可在钢管头部装上圆锥体钻头，在钢管尾部装上钻尾，钻头与钻尾的规格均应与钢管直径相配套。也可以用电动机为动力，带动机械系统撞打钢管的一端，使钢管平行向前移动。

（6）电缆保护钢管接地。用钢管做电缆保护管时，如果利用电缆的保护钢管作为接地线时，要先焊好接地跨接线，再敷设电缆。应防止在电缆敷设后再焊接地线时烧坏电缆。

钢管有螺纹的管接头处，在接头两侧应用跨接线焊接。用圆钢做跨接线时，其直径不宜小于 12 mm；用扁钢做跨接线时，其厚度不应小于 4 mm，截面积不应小于 100 mm^2。

当电缆保护钢管接头采用套管焊接时，不需再焊接地跨接线。

第 28 讲　石棉水泥管排管敷设

石棉水泥管排管敷设是通过石棉水泥管以排管的形式周围用混凝土或钢筋混凝土包封敷设。

（1）石棉水泥管混凝土包封敷设。石棉水泥管排管在穿过铁路、公路以及有重型车辆通过的场所时，应选用混凝土包封的敷设方式。

①在电缆管沟沟底铲平夯实后，先用混凝土将 100 mm 厚底板打好，在底板上再浇筑适当厚度的混凝土后，再放置定向垫块，并在垫块上敷设石棉水泥管。

②定向垫块应在管接头处两端 300 mm 处设置。

③石棉水泥管排放时，应注意使水泥管的套管与定向垫块相互错开。

④石棉水泥管混凝土包装敷设时，要预留足够的管孔，管和管之间的相互间距不应小于 80 mm。如果采用分层敷设，应分层浇筑混凝土并捣实。

（2）石棉水泥管钢筋混凝土包封敷设。对于直埋石棉水泥管排管，如果敷设在可能发生位移的土壤中（例如流沙层、八度及以上地震基本烈度区、回填土地段等），应选用钢筋混凝土包封敷设方式。

钢筋混凝土的包封敷设，在排管的上、下侧使用 ϕ16 圆钢，如图 1.40 所示，在侧面当排管截面高度大于 800 mm 时，每 400 mm 需设 ϕ12 钢筋一根，排管的箍筋使用 ϕ8 圆钢，间距

150 mm。当石棉水泥管管顶距地面不足 500 mm 时,应依据工程实际另行计算确定配筋数量。

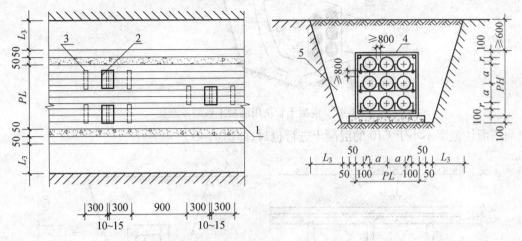

图 1.40　石棉水泥管钢筋混凝土包封敷设

1—石棉水泥管;2—石棉水泥套管;3—定向垫块;4—配筋;5—回填土;PL—敷设宽度;PH—敷设标高

　　石棉水泥管钢筋混凝土包封敷设,在排管方向与敷设标高不变时,每隔 50 m 须设置变形缝。石棉水泥管在变形缝处应用橡胶套管连接,并在管端部缝隙处用沥青木丝板填充。在管接头处每隔 250 mm 处另设置 φ20 长度为 900 mm 的接头联系钢筋;在接头包封处设 φ25 长 500 mm 套管,在套管内注满防水油膏,在管接头包封处,另设 φ6 间距 250 mm 长的弯曲钢管,如图 1.41 所示。

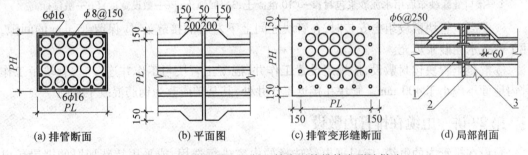

(a) 排管断面　　(b) 平面图　　(c) 排管变形缝断面　　(d) 局部剖面

图 1.41　钢筋混凝土包封石棉水泥管排管变形缝做法

1—石棉水泥管;2—橡胶套管;3—沥青木丝板;PL—敷设宽度;PH—敷设标高

　　(3)混凝土管块包封敷设。当混凝土管块穿过铁路、公路以及有重型车辆通过的场所时,混凝土管块应采用混凝土包封的敷设方式,如图 1.42 所示。

　　混凝土管块的长度通常为 400 mm,其管孔的数量有 2 孔、4 孔、6 孔不等。现场较常采用的是 4 孔、6 孔管块。依据工程实际情况,混凝土管块也可在现场组合排列成一定形式进行敷设。

　　①混凝土管块混凝土包封敷设时,应先浇筑底板,再放置混凝土管块。

　　②在混凝土管块接缝处,应缠上宽为 80 mm、长度为管块周长加上 100 mm 的接缝砂布、纸条或塑料胶粘布,以避免砂浆进入。

　　③缠包严密之后,先用 1∶2.5 水泥砂浆抹缝封实,使管块接缝处严密,然后在混凝土管

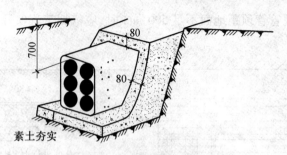

图 1.42　混凝土管块用混凝土包封示意图

块周围灌注强度不小于 C10 的混凝土进行包封,如图 1.43 所示。

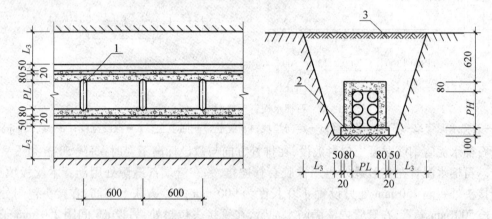

图 1.43　混凝土管块混凝土包封敷设

1—接口处缠纱布后用水泥砂浆包封;2—C10 混凝土;3—回填土;PL—敷设宽度;PH—敷设标高

④混凝土管块敷设组合安装时,在管块之间上下左右的接缝处,应保留 15 mm 的间隙,用 1∶25 水泥砂浆填充。

⑤混凝土管块包封敷设,按规定设置工作井,混凝土管块与工作井连接时,管块距工作井内地面不应小于 400 mm。管块在接近工作井处,其基础应改为钢筋混凝土基础。

第29讲　电缆在排管内敷设

敷设在排管内的电缆,应根据电缆选择的内容进行选用,或采用特殊加厚的裸铅包电缆。穿入排管中的电缆数量应满足设计规定。

电缆排管在敷设电缆前,为了保证电缆能顺利穿入排管,并且不损伤电缆保护层,应进行疏通,以清除杂物。清扫排管一般采用排管扫除器,把扫除器通入管内来回拖拉,即可清除积污并刮平管内不平的地方。此外,也可以采用直径不小于管孔直径 0.85 倍、长度约为 600 mm 的钢管来疏通,再用与管孔等直径的钢丝刷来清除管内杂物,防止损伤电缆。

在排管中拉引电缆时,应把电缆盘放于入孔井口,然后用预先穿入排管孔眼中的钢丝绳,把电缆拉入管孔内。为了避免电缆受损伤,排管管口处应套以光滑的喇叭口,入孔井口应装设滑轮。为了使电缆更容易被拉入管内,同时减小电缆和排管壁间的摩擦阻力,电缆表面应涂上滑石粉或黄油等润滑物。

第 30 讲　电缆终端头制作

（1）低压塑料电缆终端头。如图 1.44 所示为低压塑料电缆终端头结构，其制作方法如下：

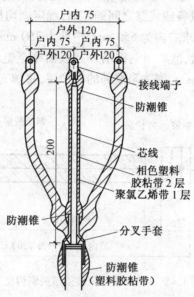

图 1.44　低压塑料电缆终端头

①确定剖切尺寸。将电缆末端按规定尺寸固定好，留取的末端长度稍大于所规定的尺寸。

②剥除电缆护套。依据电压等级，适当剥切电缆护套及布带（纸带），芯线中的黄麻应切除。分芯时应注意芯线的弯曲半径不应小于芯线直径（包括绝缘层）的 3 倍。

③套上分支手套。分支手套用于多芯电缆，其型号选择应根据电缆芯线数及电缆截面确定。在套分支手套时，可以在其内层先包缠自粘性橡胶带，包缠的层数以手套套入时松紧合适为准。在手套外部的根部和指部，用自粘性橡胶带或者聚氯乙烯胶粘带包缠防潮锥并密封。

④擦净芯线绝缘。用汽油或者苯润湿的白布擦净芯线绝缘（必要时用锉刀或砂纸），但是橡皮绝缘电缆不可用大量溶剂擦洗，防止损坏绝缘。

⑤按要求连接接线端子。

⑥包缠芯线绝缘。把电缆末端的绝缘削成圆锥形，然后用自粘性橡胶带包缠成防潮锥，0.5 kV 电缆用聚氯乙烯胶粘带包缠。

⑦包缠芯线相色。用黄、绿、红三种颜色的聚氯乙烯胶粘带按相别由线端开始，经防潮锥向手套指部方向包缠，而后再从手套指部返回至线端。在分相色胶带外，还需用透明聚氯乙烯绝缘带包缠保护，防止相色褪色。

⑧加装防雨罩。3 kV 户外电缆需加装防雨罩，在芯线末端距裸露芯线 70~80 mm 处，用聚氯乙烯胶粘带包缠突起的防雨罩座，然后套上防雨罩，用自粘性橡胶带包缠并固定，然后再包缠相色聚氯乙烯胶粘带与透明聚氯乙烯绝缘带。

⑨按要求固定电缆头。

（2）10 kV 交联电力电缆热缩型终端头。传统的环氧树脂浇筑式电缆终端头附件不可用于聚乙烯交联电缆，但是热缩型电缆终端头附件适用于油浸纸绝缘电缆，也适用于聚乙烯交联电缆，并且取代了传统的制作工艺。其制作方法如下：

①剥除外护套铠装和内护层。电缆一端切割应整齐，并将其固定在制作架上。根据电缆终端头的安装位置到用电设备或线路之间的距离，确定剥切尺寸。外护套剥切尺寸（电缆端头至剖塑口的距离）通常要求户内为 550 mm，户外为 750 mm。在外护套断口以上 30 mm 处用截面 1.5 mm² 的铜线扎紧，然后用钢锯沿外圆表面锯至铠装厚度的 2/3，剥去到端部的铠装。从铠装断口以上留 20 mm，剥去至端部的内护层，将填充物割去。如图 1.45 所示，并且将芯线分开成三叉形。

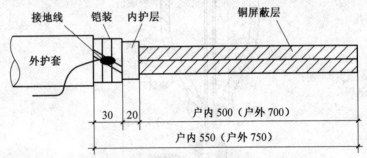

图 1.45　10 kV 交联电缆终端头剥切尺寸

②焊接接地线。把铠装打磨干净，刮净屏蔽层。将软铜编织带分成 3 股，分别在每相的屏蔽层上用截面为 1.5 mm² 的铜线缠扎 3 圈并焊牢，再把软铜编织带与铠装焊牢，由下端引出接地线，以使电缆在运行中铠装及屏蔽层均良好接地。

③固定三叉手套。芯线三叉处为制作电缆终端头的关键部位。先在三叉处包缠填充胶，使其呈橄榄形，最大直径应比电缆外径大 15 mm。填充胶受热之后可与其相邻材料紧密粘接，以消除气隙，增强绝缘。套装三叉手套使用液化气烤枪加热固定热缩手套时，应由中部向两端均匀加热，以利排除内部残留的气体。

④剥铜屏蔽层，固定应力管。如图 1.46 所示，由三叉手套指端以上 35 mm 处用胶带临时固定，剥去至电缆端部的铜屏蔽层后，便可看到灰黑色交联电缆的半导电保护层。在铜屏蔽层断口向上保留 20 mm 半导电层，将其余剥除，并用四氯乙烯清洗剂将绝缘层表面擦净。固定安装热缩应力管时，从铜屏蔽层切口向下量取 20 mm 并做一记号，该点就是应力管的下固定点。用液化气烤枪沿底端四周均匀向上加热，使应力管缩紧固定，再用细砂布将应力管表面杂质擦除。

⑤压接接线端子和固定绝缘管。将电缆芯线顶端一段绝缘层剥除，其长度约为接线端子孔深加 5 mm。将绝缘层削成"铅笔头"，并将接线端子套入，用液压钳压接。在"铅笔头"处包绕填充胶，填充胶上部要搭盖住接线端子 10 mm，下部要填实芯线切削部分，使之成橄榄状，以密封端头。然后，把绝缘管分别从芯线套至三叉手套根部，上部应超过填充胶 10 mm，以确保线端接口密封。再按上述方法加热固定后，套入密封管、相色管，经加热紧缩，就完成了户内热缩电缆头的制作。

对于户外热缩电缆头，在安装固定密封管和相色管之前，还须先分别安装固定三孔防雨裙及单孔防雨裙。

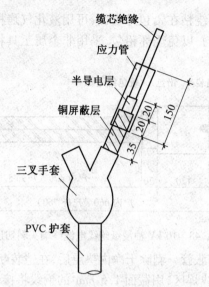

图 1.46　热缩三叉手套和应力管安装

⑥固定三孔防雨裙和单孔防雨裙。把三孔防雨裙套装在三叉手套指根上方(即从三叉手套指根到三孔防雨裙孔上沿)100 mm 处,第一个单孔防雨裙孔上沿距三孔防雨裙孔上沿170 mm,第二个单孔防雨裙孔上沿距第一个单孔防雨裙孔上沿 60 mm。对于各防雨裙分别加热缩紧固定后,套装密封管和相色管,再分别加热缩紧固定,也就完成了交联电缆热缩型户外终端头的制作,如图 1.47 所示。

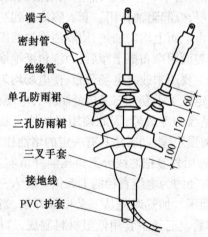

图 1.47　交联电缆热缩型户外终端头

(3)10 kV 油浸纸绝缘电力电缆热缩型终端头制作。10 kV 油浸纸绝缘电力电缆热缩型终端头附件包括聚氯四氟乙烯带、隔油管、应力管、三叉手套、耐油填充胶、绝缘管、密封管和相色管等,户外热缩型终端头还有三孔及单孔防雨裙。其制作方法如下:

①剥麻被护层、铠装和内垫(护)层。电缆一端固定于制作架上,确定从电线端部到剖塑口的距离,一般户内取 660 mm,户外取 760 mm,并且用截面 1.5 mm² 的铜线或钢卡在该尺寸处扎紧,剥去至端部的麻被护层,如图 1.48 所示。在麻被护层剖切口向上 50 mm 处用钢带打一固定卡,并把铜编织带接地线卡压在铠装上,再将至端部的铠装剥去。这时可见由沥青

及绝缘纸构成的内垫层紧紧绕粘在铅包外表面,可用液化气烤枪加热铅包表面的沥青和绝缘纸,加热时应注意烘烤均匀,以免烧坏铅包,采用非金属工具将沥青和绝缘纸等内垫层剥除干净。

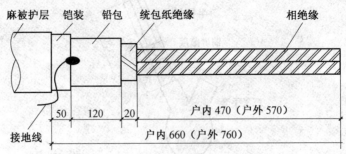

图 1.48　10 kV 油浸纸绝缘电缆终端头剥切尺寸

②焊接接地线,剥铅包,胀管。剥除干净内垫层后,在铠装断口向上 120 mm 段用锉刀打磨干净,作为铜编织带接地线焊区,用截面 1.5 mm^2 的铜线将接地线缠绕 3 圈后焊牢。把距铠装断口 120 mm 处至端部的铅包剥除,用胀管钎将铅包口胀成喇叭口,喇叭口应圆滑、无毛刺,其直径是铅包直径的 1.2 倍。由喇叭口向上沿统包纸绝缘层 20 mm 处,用绝缘带缠绕 5~6 圈,以增加三叉根部的强度。用手撕去到端部的统包纸绝缘层,把芯线轻轻分开。

③固定隔油管和应力管。电力电缆芯线部分的洁净度会影响到电缆终端头的制作质量,因此应戴干净手套用四氯乙烯清洗剂清除芯线表面的绝缘油和其他杂质。为了改善应力分布,还应在芯线表面涂抹一层半导体硅脂,然后用耐油四氟带由三叉根部沿各芯线绝缘的绕包方向分别半叠绕包一层,以起阻油作用。套入隔油管到三叉根部,用液化气烤枪从三叉根部开始烘烤,先内后外、由下而上均匀加热,使隔油管收缩固定,收缩之后的隔油管表面应光亮。将固定好的隔油管表面用净布擦干净后,距统包纸绝缘层 20 mm 处套入应力管,以同样方法加热固定。应力管主要用来改善电场分布,使电场均匀,防止发生放电击穿故障。

④绕包耐油填充胶和固定三叉手套。三叉口处制作为电缆终端头制作的关键。由于三叉口处易形成气隙,易发生绝缘击穿故障,因此须用耐油填充胶填充,受热后使其与相邻材料紧密粘结,以消除气隙和加强绝缘,同时还具有一定的堵油作用。在应力管下口到喇叭口下 10 mm 处以填充胶绕包,再用竹签把芯线分叉口压满并填实。在喇叭口上部继续用填充胶绕包成橄榄状,使其最大直径约为电缆直径的 1.5 倍。套入三叉手套,应使指套根部紧靠三叉根部,可以用布带向下勒压。加热时先从三叉根部开始,当三叉根部一圈收紧后,再自下而上均匀加热使其全部缩紧。三叉手套用低阻材料制成,这样可使应力管与接地线有一良好的电气通路,也使电缆端部密封有了保证。

⑤压接线端子和固定绝缘管。缆芯端部绝缘层剥除长度是接线端子孔深加 5 mm。将绝缘层削成"铅笔头",套入接线端头并以液压钳压接。用耐油填充胶在"铅笔头"处绕包成橄榄状,要求绕包住隔油管与接线端子各 10 mm,以达到堵油和密封的效果。把绝缘管套至三叉口根部,上端应超过耐油填充胶 10 mm,用同样方法由下而上均匀加热,使绝缘套管收缩贴紧,再套入密封管、相色管后,终端头即制作完成。

对于室外油浸式电缆终端头,还需安装固定三孔、单孔防雨裙,如图 1.49 所示,其安装固定方法和 10 kV 交联电缆终端头的三孔、单孔防雨裙固定方法相同。此外,还有更为便捷的冷缩式橡塑型电缆头附件(QS2000 系列),使用时无须专用工具和热源,在易燃易爆等场所使用尤为方便。

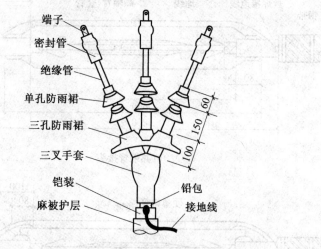

图 1.49　10 kV 油浸纸绝缘电缆热缩型户外式终端头

第 31 讲　电缆中间接头制作

（1）低压塑料电缆中间接头。中间接头主要包括导体的连接、绝缘的加强、防水密封及机械保护几个基本部分。低压塑料电缆中间接头常用热缩管接头、硬塑料管接头及成型塑料管接头，以上接头内部均不加绝缘胶。制作时由开始剥切到制作完毕，必须连续进行，中间不得停顿，以免受潮。其制作方法如下：

①根据接头盒、管的规格，按图 1.50 的尺寸，将电缆内外护层剥去。

②电缆一侧用塑料布包封，将接头套管套上。留 20 mm，包缠布带，扎牢三芯根部。

③根据接管长度，将芯线绝缘切去。擦净芯线后，将芯线套上接管，进行压接。

④按照图 1.50 的长度，在芯线上包缠塑料带 2 层，接管上包缠 4 层，包缠长为 200 mm。

⑤四芯中间加塑料带卷，使相间距离保持 10 mm 之后扎紧四芯。

⑥热缩管接头，按图 1.50（a）套上大于电缆直径 1 倍的热缩管，管内涂热溶胶之后加热密封。加热时应特别注意加热时间和加热长度，并按一定方向转圈，不停地进行加热收缩，避免出现气泡和局部烧伤，以保证接头的绝缘强度；硬塑料管接头，按图 1.50（b）两端包缠塑料带之后套入塑料管，再用塑料带封好，并涂胶合剂；成型塑料管接头，按图 1.50（c）套入成型塑料管接头，用扳手上紧两端橡胶垫。

⑦封焊接地线，并以钢带卡子压牢。

⑧将接头用塑料布包缠两层后用塑料带扎紧，把接头放入水泥保护盒内或砌砖沟内加盖保护。如果是直埋电缆中间接头，制作完之后外面还要浇一层沥青。

（2）高压电缆中间接头。高压电缆中间接头有铅套管式、环氧树脂浇筑式及热缩式等。现以铅套管式中间接头为例，介绍 10 kV 电缆中间接头各部分做法，如图 1.51 所示。

①铅套管。铅套管如图 1.52 所示，图中尺寸见表 1.41。

②电缆中间接头保护盒。电缆中间接头通常应设置在钢筋混凝土保护盒内，其外形如图 1.53 所示。

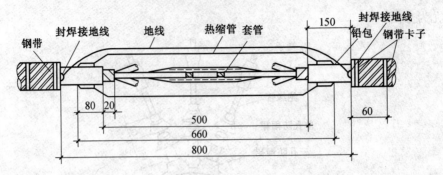

(a) 热缩管接头

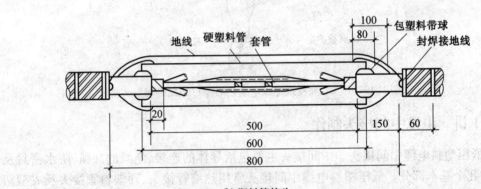

(b) 塑料管接头

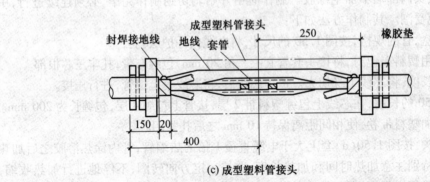

(c) 成型塑料管接头

图1.50 低压塑料电缆中间接头

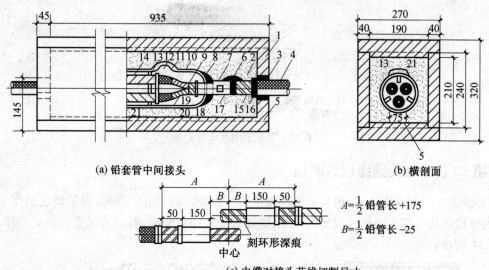

(a) 铅套管中间接头   (b) 横剖面

$A = \frac{1}{2}$铅管长 +175

$B = \frac{1}{2}$铅管长 -25

(c) 电缆对接头芯线切割尺寸

图 1.51　10 kV 电缆中间接头及铅套管

1—混凝土保护盒;2—混凝土盒内上下均以细土填实;3—垫以沥青麻填料;4—电缆麻护层;
5—油浸木质端头堵;6—将钢带与铅包用铅焊接在一起;7—电源侧电缆封铅后,挂上接头铭牌;
8—封铅(铅65%+锡35%);9—统包绝缘外包油浸黑蜡布;10—铅套管;11—加剂孔封铅;
12—加剂孔;13—瓷隔板;14—相绝缘外缠油浸黑蜡布;15—电缆钢带保护层;
16—用 1.0 mm² 铜绑线三匝扎牢;17—电缆铅皮;18—沥青绝缘剂;19—相绝缘外包油浸黑蜡布;
20—铅管外涂三层热沥青,缠两层高丽纸;21—用六层油浸白纱布带将三芯扎牢

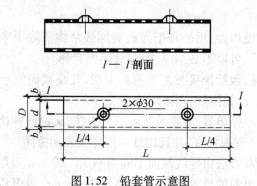

图 1.52　铅套管示意图

表 1.41　铅套管尺寸表

芯线截面/mm²		铅套管尺寸/mm			
10 kV	6 kV	D	d	b	L
16 ~ 25	16 ~ 50	96	90	3.0	500
35 ~ 50	70 ~ 95	106	100	3.0	500
70 ~ 120	120 ~ 150	116	110	3.0	550
150 ~ 185	185	132	125	3.5	550
240	240	132	125	3.5	600

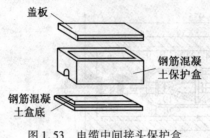

图 1.53　电缆中间接头保护盒

第 32 讲　导线绝缘层的剥切

导线绝缘层剥切方法，一般包括单层剥法、分段剥法和斜削法三种。单层剥法适用于塑料线；分段剥法适用于绝缘层较多的导线，如橡胶线及铅皮线等；斜削法就像削铅笔一样，如图 1.54 所示。

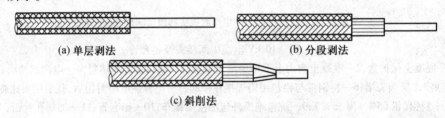

(a) 单层剥法　　　　　　　　　　　　(b) 分段剥法

(c) 斜削法

图 1.54　导线绝缘层剥切方法

第 33 讲　铜、铝导线的连接

（1）铜导线连接。

①导线连接前，为方便焊接，用砂布把导线表面残余物清除干净，使其光泽清洁。但是对表面已镀有锡层的导线，可以不必刮掉，因它对锡焊有利。

②单股铜导线的连接，包括铰接与缠卷两种方法，凡是截面较小的导线，通常多用铰接法；较大截面的导线，由于绞捻困难，则多用缠卷法。

③多股铜导线连接，包括单卷、复卷及缠卷三种方法，无论何种接法，均需把多股导线顺次解开成 30°伞状，用钳子逐根拉直，并且用砂布把导线表面擦净。

④铜导线接头处锡焊，方法由导线截面不同而不同。10 mm² 及以下的铜导线接头，可采用电烙铁进行锡焊，在无电源的地方，可以用火烧烙铁；16 mm² 及其以上的铜导线接头，则采用浇焊法。

无论采用哪种方法，锡焊前，接头上均需涂一层无酸焊锡膏或者天然松香溶于酒精中的糊状溶液。但是以氯化锌溶于盐酸中的焊药水不宜采用，由于它腐蚀铜导线。

（2）铝导线连接。铝导线与铜导线相比较，在物理及化学性能上有许多不同处。由于铝在空气中极易氧化，导线表面生成一层导电性不良并难于熔化的氧化膜（铝本身的熔点为653 ℃，而氧化膜的熔点高达 2 050 ℃，而且比例也比铝大），当熔化时，它便沉积于铝液下面，降低了接头质量。所以，铝导线连接工艺比铜导线复杂，稍不注意，就会影响接头质量。

铝导线的连接方法很多，施工中常用的包括机械冷态压接、反应口焊、电阻焊及气焊等。

第 34 讲　电缆导体的连接

（1）要求连接点的电阻小而且稳定。连接点的电阻和相同长度、相同截面导体的电阻的比值，对于新安装的终端头和中间接头，应不大于 1；对于运行中的终端头和中间接头，应不大于 1.2。

（2）要有足够的机械强度（主要是指抗拉强度）。连接点的抗拉强度通常低于电缆导体本身的抗拉强度。对固定敷设的电力电缆，其连接点的抗拉强度，要求不低于导体本身抗拉强度的 60%。

（3）要能够耐腐蚀。如果铜和铝相接触，由于这两者金属标准电极电位差较大（铜为 +0.345 V；铝为 −1.67 V），当有电解质存在时，将形成以铝为负极、铜为正极的原电池，使铝产生电化而腐蚀，从而使接触电阻增大。另外，因为铜、铝的弹性模数和热膨胀系数相差很大，在运行中经多次冷热（通电与断电）循环后，会使接点处产生较大间隙而影响接触，从而产生恶性循环。因此，铜和铝的连接，是一个应该非常重视的问题。一般地说，应使铜和铝两种金属分子产生相互渗透。如采用铜铝摩擦焊、铜铝闪光焊和铜铝金属复合层等。在密封比较好的场合，若中间接头，可采用铜管内壁镀锡后进行铜、铝连接。

（4）要耐振动。在船用、航空及桥梁等场合，对电缆接头的耐振动性要求很高，往往超过了对抗拉强度的要求。这项要求主要通过振动（仿照一定的频率和振幅）试验后，测量接点的电阻变化来检验。也就是在振动条件下，接点的电阻仍应达到上述第（1）项要求。

第 35 讲　电缆接线

（1）导线与接线端子连接。

①10 mm² 及以下的单股导线，在导线端部弯一圆圈，直接装接至电气设备的接线端子上，注意线头的弯曲方向与螺栓（或螺母）拧入方向一致。

②4 mm² 以上的多股铜或者铝导线，因为线粗、载流大，在线端与设备连接时，均需装接铝或铜接线端子，再同设备相接，这样可避免在接头处产生高热，烧毁线路。

③铜接线端子装接，可采用锡焊或压接方法。

a. 锡焊时，应先把导线表面和接线端子用砂布擦干净，涂上一层无酸焊锡膏，将芯线搪上一层焊锡，然后，将接线端子放在喷灯火焰上加热。当接线端子烧热时，把焊锡熔化在端子孔内，并且将搪好锡的芯线慢慢插入，待焊锡完全渗透至芯线缝隙中后，即可停止加热，使其冷却。

b. 采用压接方法时，把芯线插入端子孔内，用压接钳进行压接。

铝接线端子装接，也可以采用冷压接，其压接工艺尺寸如图 1.55 和表 1.42 所示。

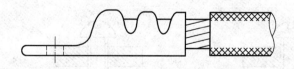

图 1.55　铝接线端子压接工艺尺寸图

表1.42 铝芯点压法压接工艺尺寸

适用电缆截面 /mm²	h_1 /mm	h /mm	适用电缆截面 /mm²	h_1 /mm	h /mm
16	5.4	4.6	95	11.4	9.6
25	5.9	6.1	120	12.5	10.5
35	7.0	7.0	150	12.8	12.2
50	8.3	7.7	185	13.7	14.3
70	9.2	8.8	240	16.1	14.9

（2）导线与平压式接线桩连接。导线与平压式接线桩连接时,可根据芯线的规格采用以下操作方法:

①单芯线连接。用螺钉或螺帽压接时,导线要沿着螺钉旋进方向紧绕一周后再旋紧(反方向旋绕在螺钉上,旋紧时导线会松出),如图1.56所示。

现场施工中,最好的方法是把导线绝缘层剥去后,芯线顺着螺钉旋紧方向紧绕一周,再旋紧螺钉,以手捏住导线头部(全线长度不宜小于40~60 mm),顺时针方向旋转,线头即断开。

②多芯铜软线连接。多股铜芯软线同螺钉连接时,可先把软线芯线做成羊眼圈状,挂锡后再与螺钉固定。也可把导芯线线挂锡后,将芯线顺着螺钉旋进方向紧绕一周,再围绕住芯线根部绕将近一周后,拧紧螺钉,如图1.57所示。

图1.56 导线在螺钉上旋绕　　　图1.57 软线与螺钉连接

无论采用哪种方法,均要注意导芯线线根部无绝缘层的长度不能太长,依据导线粗细以1~3 mm为宜。

（3）导线与针孔式接线桩连接。当导线和针孔式接线桩连接时,应把要连接的芯线插入接线桩头针孔内,线头露出针孔1~2 mm。如果针孔允许插入双根芯线,可把芯线折成双股后再插入针孔,如图1.58所示。如果针孔较大,可在连接单芯线的针孔内加垫铜皮,或在多股芯线线上缠绕一层导线,以扩大芯线直径,使芯线同针孔直径相适应,如图1.59所示。

导线与针孔式接线桩头连接时,应使螺钉顶压更加平稳、牢固并且不伤芯线。如果用两根螺钉顶压,则芯线线头必须插到底,使两个螺钉均能压住芯线,并应先拧牢前端的螺钉,后拧另一个螺钉。

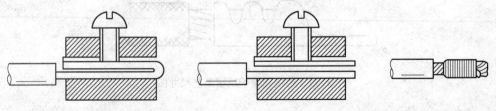

图1.58 用螺钉支紧的连接方法　　　图1.59 针孔过大的连接方法

（4）单芯导线与器具连接。单芯导线和专用开关、插座可采用插接法接线。单芯导线剥切时露出芯线长度为12～15 mm，由接线桩头的针孔中插入之后，压线弹簧片将导芯线线压紧，即完成接线的过程。

需要拔出芯线时，用小螺钉旋具插入器具开孔中，拔出导线，芯线即可脱离，如图1.60所示。

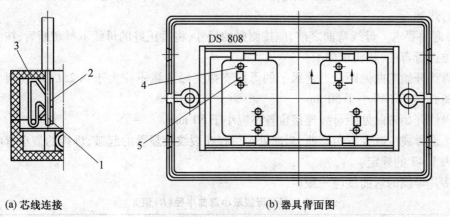

(a) 芯线连接　　　　　　　　　　(b) 器具背面图

图 1.60　单芯线与器具连接
1—塑料单芯线；2—导电金属片；3—压线弹簧片；4—导线连接孔；5—螺钉旋具插入孔

1.4　母线安装

第36讲　母线下料

母线下料有手工下料和机械下料两种方法。手工下料可以使用钢锯；机械下料可使用锯床、电动冲剪机等。下料时应注意根据母线来料长度合理切割，避免浪费。为便于日久检修拆卸，长母线应在适当的部位分段，并用螺栓连接，但接头不宜过多。在下料时母线要留适当裕量，避免弯曲时产生误差，导致整根母线报废，母线的切断面应平整。

第37讲　母线矫直

运到施工现场的母线往往不是很平直的，所以，安装前必须矫正平直。矫直的方法有手工矫直和机械矫直两种。

（1）手工矫直。手工矫直时，可把母线放在平台或平直的型钢上。对于铜、铝母线应用硬质木锤直接敲打，而不能使用铁锤直接敲打。若母线弯曲过大，可使用木锤或垫块（铝、铜、木板）垫在母线上，再用铁锤间接敲打平直。在敲打时，用力要适当，不能过猛，否则会引起母线再次变形。

（2）机械矫直。对大截面短型母线多用机械矫直。矫正施工时，可将母线的不平整部分放在矫正机的平台上，然后转动操作圆盘，借助丝杠的压力将母线矫正平直。机械矫直较手工矫直更为简单便捷。

对于棒型母线，矫直时应先锤击弯曲部位，再沿长度轻轻地一面转动一面锤击，通过视力来检查，直至成直线为止。

第38讲　母线弯曲

将母线加工弯制成一定的形状,称为弯曲。母线一般宜进行冷弯,但应尽量减少弯曲。如需热弯,对铜加热温度不宜超过350 ℃,铝不宜超过250 ℃,钢不宜超过600 ℃。对矩形母线,宜采用专用工具以及各种规格的母线冷弯机进行冷弯,不得进行热弯;弯出圆角后,也不得进行热撼。

(1)弯曲要求。母线弯曲之前,应按测好的尺寸,将矫正好的母线下料切断后,按测出的弯曲部位进行弯曲,其要求如下:

①母线开始弯曲处距最近绝缘子的母线支撑夹板边缘不应大于0.25L(母线两支撑点间的距离),但是不得小于50 mm。

②母线开始弯曲处距母线连接位置不应小于50 mm。

③矩形母线应减少直角弯曲,弯曲处不得存在裂纹及显著的起皱,母线的最小弯曲半径应符合表1.43的规定。

④多片母线的弯曲度应一致。

表1.43　母线最小弯曲半径(R)值

母线种类	弯曲方式	母线断面尺寸/mm	最小弯曲半径/mm		
			铜	铝	钢
矩形母线	平弯	50×5 及其以下	$2a$	$2a$	$2a$
		125×10 及其以下	$2a$	$2.5a$	2
	立弯	50×5 及其以下	$1b$	$1.5b$	$0.5b$
		125×10 及其以下	$1.5b$	$2b$	$1b$
棒形母线	—	直径为16 及其以下	20	70	50
		直径为30 及其以下	150	150	150

注:a为母线宽度;b为母线厚度

(2)弯曲形式。母线弯曲有下列四种形式:平弯(宽面方向弯曲)、立弯(窄面方向弯曲)、扭弯(麻花弯)、折弯(灯叉弯),如图1.61所示。

图1.61中四种形式的弯曲做法如下:

①平弯。先在母线要弯曲的部位划上记号,再把母线插入平弯机的滚轮内,需弯曲的部位放在滚轮下,校正无误之后,将压力丝杠拧紧,慢慢压下平弯机的手柄,使母线逐渐弯曲。对于小型母线的弯曲,可用台虎钳弯曲,但是大型母线则需用母线弯曲机进行弯制。弯制时,先将母线扭弯部分的一端夹在台虎钳上,为防止钳口夹伤母线,钳口与母线接触处应垫以铝板或硬木,母线的另一端用扭弯器夹住,然后双手用力转动扭弯器的手柄,使母线弯曲满足需要形状为止。

②立弯。将母线需要弯曲的部位套在立弯机的夹板上,再将弯头装上,拧紧夹板螺钉,校正无误后,操作千斤顶,使母线弯曲。

③扭弯。将母线扭弯部位的一端夹在虎钳上,钳口部分垫上薄铝皮或者硬木片。在距钳口大于母线宽度2.5倍处,借助母线扭弯器(图1.62(a))夹住母线,用力扭转扭弯器手柄,使母线弯曲达到所需要的形状为止。这种方法适用于弯曲100 mm×8 mm以下的铝母线。大于这个范围就需将母线弯曲部分加热再行弯曲。

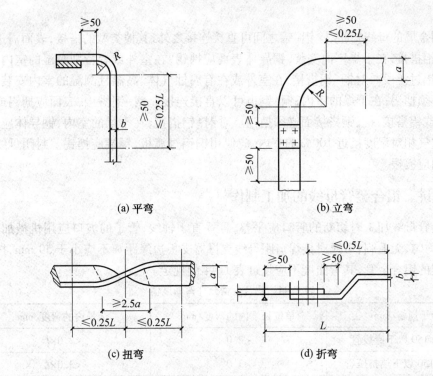

(a) 平弯　　　　　　　　　　　　　(b) 立弯

(c) 扭弯　　　　　　　　　　　　　(d) 折弯

图 1.61　母线弯曲图

a—母线宽度；b—母线厚度；L—母线两支撑点间的距离

④折弯。折弯可用手工在虎钳上敲打成型，也可以用折弯模（图 1.62(b)）压成。方法是先将母线放在模子中间槽的钢框内，再以千斤顶加压。图中 A 为母线厚度的 3 倍。

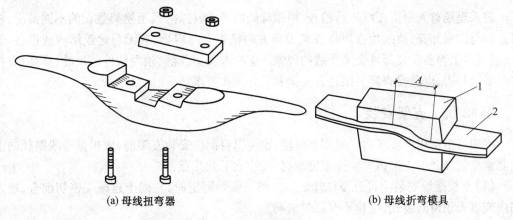

(a) 母线扭弯器　　　　　　　　　　　(b) 母线折弯模具

图 1.62　母线扭弯与折弯

A—母线折弯部分长度；1—折弯模；2—母线

第 39 讲　母线搭接面加工

母线的接触面加工必须平整，无氧化膜，其加工方法有手工锉削与使用机械铣、刨和冲压等方法。经过加工后其截面减少值：铜母线不应大于原截面的 3%；铝母线不应超过原截面的 5%。应保持接触面洁净，并涂以电力复合脂。具有镀银层的母线搭接面，不得任意锉磨。

对不同金属的母线搭接,除铝-铝之间可直接连接之外,其他类型的搭接,表面需进行处理。对铜-铝搭接,在干燥室内安装,铜导体表面应搪锡,在室外或者特别潮湿的室内安装,应采用铜-铝过渡段。对铜-铜搭接,在室外或在有腐蚀气体、高温且潮湿的室内安装时,铜导体表面必须搪锡;在干燥的室内,铜-铜也可以直接连接。钢-钢搭接,表面应搪锡或者镀锌。钢-铜或铝搭接,钢、铜搭接面必须搪锡。对铜-铝搭接,在干燥的室内,铜导体应搪锡,室外或者空气相对湿度接近100%的室内,应使用铜铝过渡板,铜端应搪锡。封闭母线螺栓固定搭接面应镀银。

第40讲　铝合金管母线的加工制作

铝合金管母线加工时切断的管口应平整,且垂直于轴线,管子的坡口应用机械加工,坡口应光滑、均匀、无毛刺,母线对接焊口距母线支撑器支板边缘距离不应小于50 mm,按照制造长度供应的铝合金管,其弯曲度不应超过表1.44的规定。

表1.44　铝合金管允许弯曲度值

管子规格/mm	单位长度内的弯度/mm	全长内的弯度/mm
直径为150以下冷拔管	<2.0	<2.0×L
直径为150以下热挤压管	<3.0	<3.0×L
直径为150~250热挤压管	<4.0	<4.0×L

注:L为管子的制造长度,m

第41讲　放线检查

进入现场首先根据图纸进行检查,根据母线沿墙、跨柱、沿梁至屋架敷设的不同情况,核对是否与图纸相符;放线检查对母线敷设全方向是否有障碍物,有无与建筑结构或设备、管道、通风等工程各安装部件交叉矛盾的现象。应检查预留孔洞、预埋铁件的尺寸、标高、方位符合要求与否,以及检查脚手架是否安全和符合操作要求。

第42讲　支架安装

支架可根据用户要求由厂家配套供应,也可以自制。安装支架前,应根据母线路径的走向测量出较准确的支架位置。支架安装时,应注意下列几点:

(1)支架架设安装应符合设计规定。在墙上安装固定时,宜同土建施工密切配合,埋入墙内或事先预留安装孔,尽量不要临时凿洞。

(2)支架安装的距离应均匀一致,两支架间距离偏差不得大于5 cm。若裸母线为水平敷设,则不超过3 m,若垂直敷设,则不超过2 m。

(3)支架埋入墙内部分必须开叉成燕尾状,埋入墙内深度应超过150 mm,当采用螺栓固定时,要使用M12×150 mm开尾螺栓,孔洞要以混凝土填实,灌注牢固。

(4)支架跨柱、沿梁或屋架安装时,所用抱箍、螺栓以及撑架等要紧固,并应避免把支架直接焊接在建筑物结构上。

(5)遇有混凝土板墙、梁、柱、屋架等无预留孔洞时,允许采用锚固螺栓方式安装固定支架;有条件时,也可采用射钉枪。

(6)封闭插接母线的拐弯处及与箱(盘)连接处必须加支架。直段插接母线支架的距离不应大于 2 m。

(7)封闭插接式母线支架有下列两种安装形式:

①母线支架和预埋铁件采用焊接固定时,焊缝应饱满。

②采用膨胀螺栓固定时,选用的螺栓应适配,连接应固定。同时,固定母线支架的膨胀螺栓不少于两个。

埋注支架用水泥砂浆的灰砂比为 1∶3,所用的是 42.5 级及其以上的水泥。埋注时,应注意灰浆饱满、严实以及不高出墙面,埋深不小于 80 mm。

(8)封闭插接式母线的吊装有单吊杆和双吊杆之分,一个吊架应用两根吊杆,牢固固定,螺扣外露 2~4 扣,膨胀螺栓应加平垫圈及弹簧垫,吊架应用双螺母夹紧。

(9)支架及支架与埋件焊接处刷防腐油漆应均匀,无漏刷以及不污染建筑物。

第43讲　绝缘子安装

绝缘子夹板、卡板的安装要紧固。夹板、卡板的制作规格要同母线的规格相匹配。无底座和顶帽的内胶装式的低压绝缘子和金属固定件的接触面之间应垫以厚度不小于 1.5 mm的橡胶或石棉板等缓冲垫圈,支柱绝缘子的底座、套管的法兰及保护罩(网)等不带电的金属构件均应接地,母线在支柱绝缘子上的固定点应在母线全长或两个母线补偿器的中心处。

悬式绝缘子串的安装除设计原因之外,悬式绝缘子串应与地面垂直,当受条件限制不能满足要求时,可有不大于 5° 的倾斜角,多串绝缘子并联时,每串所受的张力应均匀。绝缘子串组合时,连接金具的螺栓、销钉及锁紧销等必须符合现行国家标准要求,并且应完整,其穿向应一致,耐张绝缘子串的碗口应向上,绝缘子串的球头挂环、碗头挂板及锁紧销等应相互匹配,弹簧销应有足够弹性,闭口销必须分开,并不得有折断或裂纹,禁止用线材代替,均压环、屏蔽环等保护金具应安装牢固,位置正确。

第44讲　裸母线安装

对矩形母线在支撑绝缘子上固定的技术要求,是为了确保母线通电后,在负荷电流下不发生短路环涡流效应,使母线可自由伸缩,避免局部过热及产生热膨胀后应力增大而影响母线安全运行。裸母线安装应符合下列规定:

首先于支柱绝缘子上安装母线固定金具。母线在支柱绝缘子上的固定方式有:螺栓固定、卡板固定(图 1.63)、夹板固定。螺栓固定直接用螺柱把母线固定在瓷瓶上。

其次,母线敷设应按照设计规定装设补偿器,母线补偿器由厚度为 0.2~0.5 mm 的薄片叠合而成,不得有裂纹、断股和折皱现象;其组装之后的总截面应不小于母线截面的 1.2 倍。

另外,硬母线跨柱、梁或跨屋架敷设时,母线在终端及中间分段处应分别采用终端和中间拉紧装置。终端或者中间拉紧固定支架宜装有调节螺栓的拉线,拉线的固定点应能承受拉线张力。并且同一挡距内,母线的各相弛度最大偏差应小于 10%。

母线长度超过 300 m 而需要换位时,换位不应小于一个循环。槽形母线换位段处可用矩形母线连接,换位段内的各相母线的弯曲程度应对称一致。

母线与母线或者母线与电器接线端子的螺栓搭接面的安装中,母线接触面加工后必须

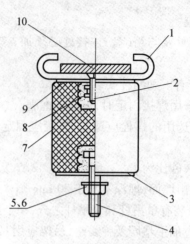

图 1.63　卡板固定母线

1—卡板;2—埋头螺栓;3、9—红钢纸垫片;4—螺栓;
5、6—螺母、垫圈;7—瓷瓶;8—螺母;10—母线

保持清洁,并涂以电力复合脂,母线平置时,贯穿螺栓应从下往上穿,其余情况下,螺母应置于维护侧,螺栓长度宜露出螺母 2~3 扣,贯穿螺栓连接的母线两外侧都应有平垫圈,相邻螺栓垫圈间应有 3 mm 以上的净距,螺母侧应装有弹簧垫圈或者锁紧螺母。

此外,母线的接触面应连接紧密,连接螺栓应用力矩扳手紧固,其紧固力矩值应满足表1.45 的规定。

表 1.45　钢质螺栓的紧固力矩值

螺栓规格/mm	力矩值/(N·m)	螺栓规格/mm	力矩值/(N·m)
M8	8.8~10.8	M16	78.5~98.1
M10	17.7~22.6	M18	98.0~127.4
M12	31.4~39.2	M20	156.9~196.2
M14	51.0~60.8	M24	274.6~343.2

第 45 讲　裸母线的相序排列及涂色

为了鉴别相位而规定的母线相序的统一排列方式及涂色规定,是为了方便维护检修和扩建接线及有助于运行操作及保证人员的安全。裸母线的相序排列及涂色,当设计没有要求时,上、下布置的交流母线,从上到下排列为 L_1、L_2、L_3 相,直流母线正极在上,负极在下;水平布置的交流母线,由盘后向盘前排列是 L_1、L_2、L_3 相,直流母线正极在后,负极在前;面对引下线的交流母线,从左到右排列为 L_1、L_2、L_3 相,直流母线正极在左,负极在右。

第2章 变配电设备安装

2.1 高压配电设备安装

第46讲 电力变压器安装的一般要求

(1)施工图及技术资料齐全无误。

(2)土建工程基本施工完毕,标高、尺寸、结构及预埋件、焊件强度均满足设计要求。

(3)变压器轨道安装完毕,并满足设计要求(注:此项工作应由土建做,安装单位配合)。

(4)墙面、屋顶粉刷完毕,屋顶无漏水,门窗和玻璃安装完好。室内地面工程结束,场地清理干净,保持道路畅通。安装干式变压器室内应无灰尘,相对湿度宜保持在70%以下。

(5)变压器应装有铭牌。铭牌上应注明制造厂名、额定容量,一、二次额定电压、电流以及阻抗电压及接线组别等技术数据。

(6)变压器的容量、规格及型号必须满足设计要求,附件、备件齐全,并有出厂合格证及技术文件。

(7)干式变压器的局放试验PC值及噪声测试值[dB(A)]应满足设计及标准要求。

(8)型钢:各种规格型钢应满足设计要求,必须是热浸镀锌件,镀锌层无锈蚀。

(9)螺栓:除地脚螺栓及防振装置螺栓之外,均应采用热浸镀锌螺栓,并配相应的平垫圈和弹簧垫。

(10)其他材料:蛇皮管,耐油塑料管,电焊条,防锈漆,调和漆和变压器油,均应满足设计要求,并有产品合格证。

第47讲 变压器安装

设备点件检查→变压器二次搬运→变压器稳装→附件安装→变压器吊芯检查及交接试验→送电前的检查→送电运行验收。

(1)设备点件检查。

①设备点件检查应由安装单位、供货单位、监理单位以及建设单位技术人员共同进行,并做好记录。

②按照设备清单、施工图纸及设备技术文件核对变压器本体及附件备件的规格、型号符合设计图纸要求与否,齐全与否,有无丢失及损坏。

③变压器本体外观检查无损伤和变形,油漆完好无损伤。

④油箱封闭是否良好,有无漏油、渗油现象,油标处油面正常与否,发现问题应立即处理。

⑤绝缘瓷件及环氧树脂件有无损伤、缺陷以及裂纹。

(2)变压器二次搬运。

①变压器二次搬运应由起重工作业,电工配合。最好采用汽车吊吊装,也可以采用吊链吊装,距离较长最好用汽车运输,在运输时必须用钢丝绳固定牢固,并应行车平稳,尽量减少振动;距离较短且道路良好时,可用卷扬机及滚杠运输。变压器质量及吊装点高度可参照表2.1及表2.2。

表2.1　树脂浇铸干式变压器质量

序号	容量/kVA	质量/t	序号	容量/kVA	质量/t
1	100 ~ 200	0.71 ~ 0.92	4	1 250 ~ 1 600	3.39 ~ 4.22
2	250 ~ 500	1.16 ~ 1.90	5	2 000 ~ 2 500	5.14 ~ 6.30
3	630 ~ 1 000	2.08 ~ 2.73			

表2.2　油浸式电力变压器质量

序号	容量/kVA	质量/t	吊装点高度/m
1	100 ~ 180	0.6 ~ 1.0	3.0 ~ 3.2
2	200 ~ 420	1.0 ~ 1.8	3.2 ~ 3.5
3	500 ~ 630	2.0 ~ 2.8	3.8 ~ 4.0
4	750 ~ 800	3.0 ~ 3.8	5.0
5	1 000 ~ 1 250	3.5 ~ 4.6	5.2
6	1 600 ~ 1 800	5.2 ~ 6.1	5.2 ~ 5.8

②变压器吊装时,索具必须检查合格,钢丝绳必须挂于油箱的吊钩上,上盘的吊环仅作为吊芯用,不得使用此吊环吊装整台变压器。

③变压器搬运时,应注意保护瓷瓶,最好用木箱或者纸箱将高低压瓷瓶罩住,使其不受损伤。

④变压器搬运过程中,不应有冲击或严重振动情况,借助机械牵引时,牵引的着力点应在变压器重心以下,避免倾斜,运输斜角不得超过15°,防止内部结构变形。

⑤用千斤顶顶升大型变压器时,应把千斤顶放置在油箱允许部位。

⑥大型变压器在搬运或装卸前,应核对高低压侧方向,防止安装时调换方向发生困难。

(3)变压器稳装。

①变压器就位可用汽车吊直接甩入变压器室内,或用道木搭设临时轨道,用三脚架、捯链吊至临时轨道上,然后通过捯链拉入室内合适位置。

②变压器就位时,应注意其方位和距墙尺寸应同图纸相符,允许误差为±25 mm,图纸无标注时,纵向按轨道定位,横向距离不得小于800 mm,距门不得小于1 000 mm,并且适当照顾屋内吊环的垂线位于变压器中心,以便吊芯,干式变压器安装图纸无注明时,安装及维修最小环境距离应符合表2.3要求。

表2.3　安装、维修最小环境距离

部位	周围条件	最小距离/mm
b_1	有导轨	2 600
	无导轨	2 000
b_2	有导轨	2 200
	无导轨	1 200
b_3	距墙	1 100
b_4	距墙	600

　　③变压器基础的轨道应水平,轨距和轮距应配合,装有气体继电器的变压器,应使其顶盖沿气体继电器气流方向有1%~1.5%的升高坡度(除制造厂规定不需安装坡度者外)。

　　④变压器宽面推进时,低压侧应向外;窄面推进时,油枕侧通常应向外。在装有开关的情况下,操作方向应留有1 200 mm以上的宽度。

　　⑤油浸变压器的安装,应考虑能在带电的情况下,方便检查油枕和套管中的油位、上层油温以及瓦斯继电器等。

　　⑥装有滚轮的变压器,滚轮应能转动灵活,在变压器就位之后,应将滚轮用能拆卸的制动装置加以固定。

　　⑦变压器的安装应采取抗地震措施。

　　(4)附件安装。

　　①气体继电器安装。

　　a. 气体继电器安装前应经检验鉴定。

　　b. 气体继电器应水平安装,观察窗应装在方便检查的一侧,箭头方向应指向油枕,与连通管的连接应密封良好。截油阀应位于油枕与气体继电器之间。

　　c. 打开放气嘴,放出空气,直至有油溢出时将放气嘴关上,防止有空气使继电保护器误动作。

　　d. 当操作电源为直流时,必须把电源正极接到水银侧的接点上,防止接点断开时产生飞弧。

　　e. 事故喷油管的安装方位,应考虑到事故排油时不致危及其他电气设备;喷油管口应换为割划有"十"字线的玻璃,以便于发生故障时气流能顺利冲破玻璃。

　　②防潮呼吸器的安装。

　　a. 防潮呼吸器安装前,应检查硅胶失效与否,如已失效,应在115~120 ℃温度烘烤8 h,使其复原或更新。浅蓝色硅胶变红色,就表明已失效;白色硅胶,不加鉴定一律烘烤。

　　b. 防潮呼吸器安装时,必须把呼吸器盖子上的橡皮垫去掉,使其通畅,并在下方隔离器具中装适量变压器油,起滤尘作用。

　　③温度计的安装。

　　a. 套管温度计安装,应直接安装于变压器上盖的预留孔内,并在孔内加以适当变压器油。刻度方向应便于检查。

　　b. 电接点温度计安装前应进行校验,油浸变压器一次元件应安装于变压器顶盖上的温度计套筒内,并要加适当变压器油;二次仪表挂在变压器一侧的预留板上。干式变压器一次元件应按厂家说明书位置安装,二次仪表安装在方便观测的变压器护网栏上。软管不得有压扁或者死弯,弯曲半径不得小于50 mm,富余部分应盘圈并固定于温度计附近。

　　c. 干式变压器的电阻温度计,一次元件应预埋在变压器内,二次仪表应安装在值班室或者操作台上,导线应满足仪表要求,并加以适当的附加电阻,校验调试后方可使用。

　　④电压切换装置的安装。

　　a. 变压器电压切换装置各分接点同线圈的连线应紧固正确,并且接触紧密良好。转动点应正确停留在各个位置上,并和指示位置一致。

　　b. 电压切换装置的拉杆、分接头的凸轮以及小轴销子等应完整无损;转动盘应动作灵活、密封良好。

c. 电压切换装置的传动机构(包括有载调压装置)的固定应牢靠,传动机构的摩擦部分应当有足够的润滑油。

d. 有载调压切换装置的调换开关的触头和铜辫子软线应完整无损,触头间应有足够的压力(一般为 8~10 kg)。

e. 有载调压切换装置转动至极限位置时,应装有机械连锁及带有限位开关的电气连锁。

f. 有载调压切换装置的控制箱通常应安装在值班室或操作台上,连线应正确无误,并且应调整好,手动及自动工作正常,挡位指示正确。

g. 电压切换装置吊出检查调整时,暴露在空气中的时间应符合表 2.4 的规定。

表 2.4　调压切换装置暴露在空气中的时间

环境温度/℃	>0	>0	>0	<0
空气相对湿度/%	65 以下	65~75	75~85	不控制
持续时间不大于/h	24	16	10	8

⑤变压器连线。

a. 变压器的一、二次连线、地线以及控制管线均应符合规范的规定。

b. 变压器一、二次引线的施工,不应使变压器的套管直接承受应力。

c. 变压器工作零线与中性点接地线,应分别敷设。工作零线宜用绝缘导线。

d. 变压器中性点的接地回路中,靠近变压器处,宜做一个可拆卸的连接点。

e. 油浸变压器附件的控制导线,应采用具有耐油性能的绝缘导线。靠近箱壁的导线,应用金属软管保护,并排列整齐,接线盒应密封良好。

第48讲　高压开关设备安装

(1)高压开关设备安装的一般要求。

①施工图纸、图纸会审洽商记录及其他技术资料齐全,并且有可靠的安全、消防措施。

②设备搬运和安装时,应制定安全措施,避免设备碰撞、棒砸,保护绝缘瓷件完好无损。

③高压开关设备规格、型号以及电压等级应符合设计要求,设备应装有铭牌,注明生产厂家及规格、型号,并有产品合格证及技术文件。设备附件齐全,外观检查完好,瓷件无破损和裂纹。

④安装用的材料均应有合格证,材料规格、型号满足设计要求,型钢无锈蚀。除地脚螺栓外,其他紧固螺栓及垫圈均应采用热浸镀锌件。

⑤土建工程施工完毕、墙面以及屋顶喷浆刷漆完毕,无漏水。门窗玻璃安齐。

⑥预留、预埋件满足设计要求。

⑦与高压开关设备有关的电气设备(如开关柜及变压器)安装完毕,检验合格。

⑧安装场地清理干净,有适度照明,在必要时脚手架搭设安全可靠。

⑨设备运到现场暂不安装时,不要拆箱,并入库妥善保管。

⑩设备安装过程中应对绝缘瓷件注意保护,必要时把绝缘瓷件拿下(如负荷开关保险管),或用布将绝缘瓷件包好,避免机械损伤或焊渣击伤。

(2)高压开关安装程序。

设备开箱点件→型钢支架制作安装→设备安装→操作机构安装调整→引线安装→设备

及支架接地→耐压试验→送电运行验收。

（3）设备开箱检查。

①设备开箱点件应由安装、供货、监理以及建设等单位共同进行，并做好详细记录。按照设备清单及技术资料，核对设备规格、型号符合设计要求与否，设备应完整无缺，零件应无损坏，闸刀及触点应无变形；绝缘子表面是否清洁、无裂纹以及无损坏，绝缘瓷件粘合应牢固；底座转动部分应灵活并涂以适合当地气候条件的润滑脂；联动机构应完好；接线端子和载流部分应清洁；动、静触点接触应良好（动、静触点接触情况可以用 0.05 mm×10 mm 的塞尺进行检查。对于线接触应塞不进去。对于面接触，其塞入深度：在接触表面宽度为 50 mm及以下时，不应大于 4 mm；在接触表面宽度为 60 mm 及以上时，不应大于 6 mm）；用 2 500 V兆欧表测量绝缘电阻，电阻值应在 800 MΩ 以上。附件齐全，并有产品合格证。

②设备外观检查：框架是否锈蚀，是否有开焊或变形，拉撑绝缘子两头螺栓是否牢固。接线端子及载流部分无损伤，并且接触良好，触头镀银层无脱落。

③消弧件齐全，无变形和损坏。

④负荷开关保险管测量无断丝。

（4）型钢支架制作安装。

①高压开关安装固定方式通常有三种：

a. 通过混凝土灌注燕尾螺栓靠墙直接安装。

b. 采用预埋钢板安装，安装时先加工一套和设备框架尺寸相同的型钢支架，把支架焊在预埋钢板上，然后安装设备。

c. 采用穿墙螺栓安装。

不管采用哪种方式安装，都应提前进行安装用附件的加工。

②操作机构支架制作安装通常有两种方法：

a. 靠墙安装。

b. 侧墙安装。

第 49 讲　高压隔离开关的安装

（1）安装前的检查。

①安装前，应详细检查隔离开关的型号、规格是否满足设计要求。

②设备应完整无缺，零件应无损坏，闸刀和触点应无变形。

③绝缘子表面应清洁、无裂纹以及无损坏，瓷件粘合应牢固。

④底座转动部分应灵活并涂以与当地气候条件适合的润滑脂，联动机构应完好。

⑤接线端子及载流部分应清洁，动、静触点接触应良好（动、静触点接触情况可以用0.05 mm×10 mm 的塞尺进行检查。对于线接触应塞不进去。对于面接触，其塞入深度：在接触表面宽度为 50 mm 及以下时，不应大于 4 mm；在接触表面宽度为 60 mm 及以上时，不应超过 6 mm）；用 2 500 V 兆欧表测量绝缘电阻，电阻值应在 800 MΩ 以上。

（2）安装方法。

①设备安装位置应符合图纸要求，为使二次引线方便，可参考被控设备实际位置，将平面位置做适当调整。但安装高度必须满足图纸要求。

②设备安装时应平正、垂直，安装之后设备底座受力均匀，不得变形，固定牢靠。

③靠墙安装的负荷开关，为防止连杆臂触墙，可将底座垫高。

④按设计要求,在指定位置预埋好开关座的地脚螺栓和操作机构的支架。通过人力或起吊工具将开关本体吊到安装位置,借助水平仪找正、找平后将其紧固。

⑤配置延长轴。如果开关的联动轴需要延长,可加装延长轴。延长轴用轴套与开关传动轴相连接,并应增设轴承支架支撑,支撑轴承间的距离不应大于1 m。在延长轴末端100 mm处,也应安装轴承支架。

⑥安装操动机构。先把操动机构固定在支架上,然后按传动轴的位置,固定操作杆的长度,并在操作杆的两端焊上直径为12~16 mm、长为75~100 mm的螺栓,以便调节操作杆的长度。

⑦将开关底座及操动机构接地。

(3)隔离开关、操作机构调整。

①操作机构的安装位置应符合下列要求:

a. 固定轴距地面高度1 m。

b. 靠墙安装,手柄中心距侧墙不应小于0.4 m。

c. 侧墙安装,手柄中心距侧墙不应小于0.3 m。手柄与带电部分距离不应小于1.2 m。

②操作机构应调整灵活可靠,拉合位置正确。带电动跳闸或辅助开关的操作机构,应动作可靠,位置准确。

③高压隔离开关刀片与固定触头应对准,插入深度应符合开关要求,接触紧密,两侧压力均匀。

④高压隔离开关刀片与固定触头之间的垂直距离及刀片转动角度如图2.1所示及表2.5的规定。

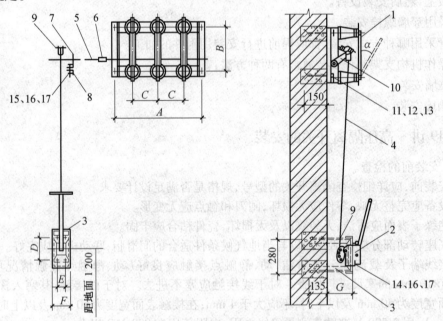

图2.1　CN2隔离开关安装示意图

1—隔离开关;2—手动操动机构;3—安装支架;4—拉杆;5—轴;6—轴连接套;

7—轴承;8—轴承支架;9—直叉形接头;10—轴臂;11—开尾螺栓;12、16—螺母;

13、17—垫圈;14、15—螺栓

注:①轴延长需增加轴承,两个轴承间的距离应小于等于1 000 mm

②隔离开关刀片打开时,角度 a 应使开口距离大于或等于 160 mm

③操动机构也可以安装在隔离开关的左侧

表 2.5　开关刀片与固定触头之间的垂直距离及刀片转动角度

名称	型号	额定电压/kV	拉开角度/(°)	拉开距离/mm
户内高压隔离开关	GN2	10	65	≥160
户内高压隔离开关	GN8	6 ~ 10	58	>160
内压气式高压负荷开关	FN2	10		182±3
户内高压负荷开关	FN1	10		

⑤合闸调整。合闸时,要求隔离开关的动触点无侧向撞击或者卡住。若有,可改变静触点的位置,使动触点刚好进入插口。合闸后动触点插入深度应符合产品的技术规定。通常不能小于静触点长度的 90%,但也不能过大,应使动、静触点底部保持 3 ~ 5 mm 的距离,防止在合闸过程中,冲击固定静触点的绝缘子。如果不能满足要求,则可通过调整操作杆的长度以及操动机构的旋转角度来达到。三相隔离开关的各相刀刃与固定触点接触的不同时性不应大于 3 mm。如不能满足要求,可调节升降绝缘子的连接螺旋长度,以使刀刃的位置发生改变。

⑥分闸调整。分闸时,要注意触头间的净距和刀闸打开角度应符合产品的技术规定。如果不能满足要求,可以调整操作杆的长度,以及改变拉杆在扇形板上的位置(表 2.5)。

⑦辅助触头的调整。隔离开关的常开辅助触点在开关合闸行程的 80% ~ 90% 时闭合,常闭辅助触点在开关分闸行程的 75% 时断开。为达此要求,可借助改变耦合盘的角度进行调整。

⑧操动机构手柄位置的调整。合闸时,手柄向上;分闸时,手柄向下。在分闸或者合闸位置时,其弹性机械锁销应自动进入手柄的定位孔中。

⑨调整后的操作试验。调整完毕之后,拧紧所有螺栓,把所有开口销分开。进行数次分、合闸试验,检查已调整好开关的有关部分是否会变形。合格后,和母线一起进行耐压试验。

第50讲　高压负荷开关的安装

(1)负荷开关的安装。负荷开关的安装方法,完全与隔离开关的安装方法相同。其调整方法除应符合隔离开关的上述规定外,调整时还应注意下列几点:

①负荷开关合闸时,应使辅助刀闸先闭合,主刀闸后闭合。主固定触点应可靠地同主刀刃接触,并应没有任何撞击现象;分闸时,主刀闸先断开,辅助刀闸后断开。且三相灭弧刀刃应同时跳离固定灭弧触点。

②灭弧筒内产生气体的有机绝缘物应完整没有裂纹,灭弧触点与灭弧筒的间隙应符合要求。

③负荷开关三相触点接触的同期性和分闸状态时触点间净距及拉开角度应满足产品的技术规定。刀闸打开的角度,可以通过改变操作杆的长度和操作杆在扇形板上的位置来达到。

④合闸时,在主刀闸上的小塞子应正好插入灭弧装置的喷嘴内,不应当剧烈地碰撞喷嘴。如图 2.2 所示为负荷开关安装调整示意图。

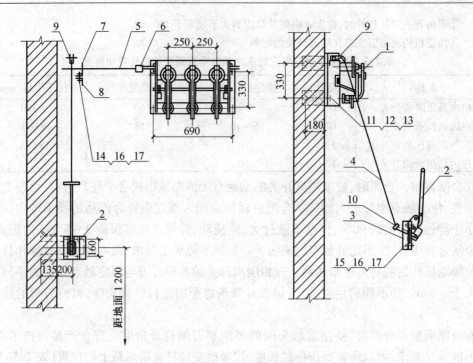

图 2.2　FN2-10 型负荷开关安装
1—负荷开关;2—手动操动机构;3—安装支架;4—拉杆;5—轴;
6—轴连接套;7—轴承;8—轴承支架;9—轴臂及弯型拐臂;10—螺杆;
11—开尾螺栓;12、16—螺母;13、17—垫圈;14、15—螺栓

⑤高压负荷开关的调整方法,除应符合隔离开关的上述规定要求外,调整时还应注意下列几点:

　　a.负荷开关合闸时,应使辅助刀闸先闭合,主刀闸后闭合。主固定触点应可靠地与主刀刃接触,并应无任何撞击现象;分闸时,主刀闸先断开,辅助刀闸后断开,且三相灭弧刀刃应同时跳离固定灭弧触点。

　　b.灭弧筒内产生气体的有机绝缘物应完整无裂纹,灭弧触点与灭弧筒的间隙应满足要求。

　　c.负荷开关三相触点接触的同期性与分闸状态时触点间净距及拉开角度应符合产品的技术规定。刀闸打开的角度,可借助改变操作杆的长度和操作杆在扇形板上的位置来达到。

　　d.合闸时,在主刀闸上的小塞子应正好插入灭弧装置的喷嘴内,不应剧烈地碰撞喷嘴。

　　(2)设备与支架接地。

　　①高压开关及操作机构的金属支架,都应用镀锌圆钢或扁钢可靠接地。

　　②高压开关不带电的金属部分及操作机构应做可靠接地,接地线可以用软铜线,截面不小于 10 mm^2。

　　③接地做法应符合规范的规定。

2.2　成套配电柜、动力开关柜(盘)安装

第 51 讲　一般要求

(1)施工图纸、图纸会审洽商记录及其他技术资料齐全,技术、安全、消防措施落实。

(2)设备及材料均符合国家或行业现行技术标准,满足设计要求,并有出厂合格证,设备应有铭牌,并注明厂家名称,附件及备件齐全。

(3)型钢应没有锈蚀,并有材质证明,二次结线导线应有带"CCC"标志的合格证。

(4)除地脚螺栓外,螺母、螺栓、垫圈、弹簧垫及所有紧固件都应是热浸镀锌件。

(5)其他材料:镀锌钢丝、酚醛板、相色漆、调和漆、防锈漆、塑料软管、异形塑料管、尼龙卡带、小白线、绝缘胶垫、标志牌、电焊条、锯条、氧气以及乙炔气等均应符合质量要求。

(6)室内地面工程完成、场地干净、道路畅通,土建工程施工标高、尺寸、结构及预埋件均符合设计要求。墙面、屋顶粉饰完毕、无漏水、门窗玻璃安装完、门上锁。

第 52 讲　成套配电柜、动力开关柜安装

设备开箱检查→设备搬运→柜(盘)稳装→柜(盘)上方母带配制→柜(盘)二次回路结线→柜(盘)试验调整送电运行验收。

(1)设备开箱检查。

①安装单位、供货单位、监理单位以及建设单位共同按照设备清单、施工图纸及设备技术资料,核对设备本体及附件、备件的规格型号、技术资料、产品合格证件、说明书齐全,并要做好检查记录。附件、备件齐全。

②柜(盘)内部检查:电气装置及元件、绝缘瓷件齐全,无损伤以及裂纹等缺陷,柜(盘)本体外观检查应无损伤和变形,油漆完整无损。

③设备运输:由起重工作业,电工配合。依据设备质量、距离长短可采用汽车、汽车吊配合运输、人力推车运输或者卷扬机滚杠运输。

④设备运输、吊装时注意事项:

a.道路要事先清理,确保平整畅通。

b.设备吊点:柜(盘)顶部有吊环的,吊索应穿在吊环内,无吊环的吊索应挂于四角主要承力结构处,不得将吊索吊在设备部件上。吊索的绳长应一致,防止柜体变形或损坏部件。

c.汽车运输时,必须用麻绳把设备与车身固定牢,开车要平稳。

(2)柜(盘)安装。

①基础型钢安装。

a.调直型钢。把有弯的型钢调直,按照图纸要求预制加工基础型钢架,并刷好防锈漆。

b.按施工图纸所标位置,把预制好的基础型钢架放在预留铁件上,用水准仪或水平尺找平、找正。找平过程中,需用垫片的地方最多为三片。然后,把基础型钢架、预埋铁件以及垫片用电焊焊牢。最终基础型钢顶部宜高出抹平地面 10 m,手车柜按照产品技术要求执行。基础型钢安装的允许偏差见表 2.6。

表2.6　基础型钢安装的允许偏差

项目	允许偏差	
	mm/m	mm/全长
不直度	<1	<5
水平度	<1	<5
位置误差及不平行度		<5

注:环形布置按设计要求

　　c.基础型钢与地线连接:基础型钢安装完毕之后,把室外地线扁钢分别引入室内(与变压器安装地线配合)同基础型钢的两端焊牢,焊接面为扁钢宽度的2倍。然后将基础型钢刷两遍灰漆。

　　②柜(盘)稳装。

　　a.柜(盘)安装。应按施工图纸的布置,按照顺序将柜放在基础型钢上。单独柜(盘)只找柜面和侧面的垂直度。成列柜(盘)各台就位之后,先找正两端的柜,再由柜下至上三分之二高的位置绷上小线,逐台找正,若柜不标准以柜面为准。找正时采用0.5 mm钢片进行调整,每处垫片最多为三片。然后按柜固定螺孔尺寸,在基础型钢架上用手电钻钻孔。一般没有要求时,低压柜钻ϕ12.2孔,高压柜钻ϕ16.2孔,分别以M12、M16镀锌螺栓固定。允许偏差见表2.7。

表2.7　柜(盘)安装的允许偏差

项目		允许偏差/mm
垂直度(每米)		<1.5
水平偏差	相邻两盘顶部	<2
	成列盘顶部	<5
盘面偏差	相邻两盘边	<1
	成列盘面	<5
盘间接缝		<2

　　b.柜(盘)就位,找正、找平之后,除柜体与基础型钢固定,柜体与柜体、柜体与侧挡板都用镀锌螺栓连接。

　　c.柜(盘)接地:每台柜(盘)单独和基础型钢连接。每台柜由后面左下部的基础型钢侧面上焊上鼻子,用6 mm²铜线与柜上的接地端子连接牢固。

　　(3)柜(盘)顶上母线配制。见"母线安装"要求。

　　(4)柜(盘)二次小线连接。

　　①按原理图逐台检查柜(盘)上的全部电气元件相符与否,其额定电压和控制、操作电源电压必须一致。

　　②按图敷设柜与柜之间的控制电缆连接线。敷设电缆要求见"电缆敷设"。

　　③控制线校线后,将每根芯线撅成圆圈,用镀锌螺栓及弹簧垫连接在每个端子板上。端子板每侧一般一个端子压一根线,不能多于两根,并且两根线间加眼圈。多股线应涮锡,不准有断股。

第 53 讲　柜(盘)试验调整

(1)高压试验应由当地供电部门许可的试验单位进行。试验标准满足国家规范、当地供电部门的规定及产品技术资料要求。

(2)试验内容:高压柜框架、母线、避雷器、高压瓷瓶、电流互感器、电压互感器、高压开关等。

(3)调整内容:过流继电器调整,时间继电器、信号继电器闸调整以及机械连锁调整。

(4)二次控制小线调整及模拟试验:

①把所有的接线端子螺栓再紧一次。

②绝缘摇测:用 500 V 摇表在端子板处测试每条回路的电阻,电阻必须大于 0.5 MΩ。

③二次小线回路如有晶体管、集成电路以及电子元件时,此部位的检查不准使用摇表和试铃测试,应使用万用表测试回路接通与否。

④接通临时的控制电源和操作电源,将柜(盘)内的控制、操作电源回路熔断器上端相线拆掉,接上临时电源。

⑤模拟试验:根据图纸要求,分别模拟试验控制连锁、操作继电保护和信号动作,正确无误,灵敏可靠。

⑥拆除临时电源,把被拆除的电源线复位。

2.3　配电箱(盘)安装

第 54 讲　一般要求

(1)配电箱(盘)的安装必须满足图纸设计要求,随土建结构预留好暗装配电箱的安装位置。

(2)铁质配电箱(盘):箱体应有一定的机械强度,油漆无脱落,周边平整无损伤,重底板厚度不小于 1.5 mm,但是不得采用阻燃型塑料板作为重底板,箱内必须有进出线的富余空间,相线汇流排、零线汇流排以及保护线汇流排齐全。箱内各种器具应安装牢固,导线排列整齐,压接牢固,有(CCC)认证标志,并且有产品合格证。

(3)配电箱(盘)应安装在安全、干燥以及易操作的场所。配电箱(盘)安装时,其底口距地一般为 1.5 m;在同一建筑堆内同类盘的高度应一致,允许偏差是 10 mm。

(4)安装配电箱(盘)所需的铁件应预埋。挂式配电箱(盘)应通过金属膨胀螺栓固定。预埋铁架或膨胀螺栓时,墙体结构应弹出施工水平线,安装配电箱盘面时,抹灰、喷浆以及油漆应全部完成,配电箱(盘)所使用紧固件必须为热浸镀锌件。预埋的各种铁件都应刷防锈漆,并做好可靠的接地。导线引出面板时,面板线孔应光滑没有毛刺,金属面板应装设绝缘保护套。

(5)配电箱(盘)带有器具的铁质盘面和装有器具的门及电器的金属外壳都应有明显可靠的 PE 保护地线(PE 线为黄绿相间的双色编织软裸铜线),但是 PE 保护地线不允许利用箱体或盒体串接。

(6)塑料配电箱(盘):箱体应有一定的机械强度。周边平整没有损伤,塑料重底板厚不应小于 8 mm,有(CCC)认证标志,并且有产品合格证。

(7)配电箱(盘)配线排列整齐,并绑扎成束,在活动部位应固定。盘面引出和引进的导线应留有适当余度,以便检修。导线剥削处不应伤芯线或者芯线过长,导线压头应牢固可靠,多股导线不应盘圈压接,应加装压线端子(有压线孔的除外)。若必须穿孔用顶丝压接时,多股线应涮锡后再压接,不得将导线股数减少。

(8)配电箱(盘)上的电源指示灯,其电源应接到总开关的外侧,并应装单独断路器(电源侧)。盘面自动断路器位置应与支路相对应,其下面应装设标识框,标明路别和容量。

(9)TN-C 低压配电系统中的中性线 N 应在箱体或者盘面上,引入接地干线处做好重复接地,并要满足《系统接地的形式及安全技术要求》(GB 1405049—2008)的规定要求。

(10)照明配电箱(板)内,应当分别设置中性线 N 和保护地线(PE 线)汇流排,中性线 N 和保护地线应在汇流排上连接,不得铰接,并且应有编号。

(11)当 PE 线所用材质与相线相同时应按照热稳定要求选择截面不小于表2.8 中数值。

表2.8　PE 线最小截面

相线芯线截面 s/mm^2	PE 线最小截面 $/mm^2$	相线芯线截面 s/mm^2	PE 线最小截面 $/mm^2$
$s \leqslant 16$	s	$s > 35$	$s/2$
$16 \leqslant s \leqslant 35$	16		

注:用此表若得出非标准截面时,应选用与之最接近的标准截面导体,但不得小于:裸铜线 4 mm²,裸铝线 6 mm²,绝缘铜线 15 mm²,绝缘铝线 2.5 mm²

(12)PE 保护地线如果不是供电电缆或电缆外护层的组成部分,按机械强度要求,截面不应小于以下数值:有机械性保护时为 2.5 mm²;无机械性保护时为 4 mm²。

(13)配电箱(盘)上的母线其相线应涂颜色标出,A 相(L₁)应为涂黄色;B 相(L₂)应涂为绿色;C 相(L₃)应涂为红色;中性线 N 相应涂为淡蓝色;保护地线(PE 线)应涂黄绿相间双色。电器上的连线、进出导线绝缘保护层颜色必须符合《人机界面标识的基本和安全规则 导体颜色或字母数字标识》(GB 7947—2010)。

(14)配电箱(盘)上电器、仪表应牢固、整洁、平正、间距均匀、铜端子无松动、启闭灵活,零部件齐全。其排列间距应符合表2.9。

表2.9　电器、仪表排列间距要求

间距	最小尺寸/mm
仪表侧面之间或侧面与盘边	60 以上
仪表顶面或出线孔与盘边	50 以上
断路器侧面之间或侧面与盘边	30 以上
上下出线孔之间	40 以上(隔有卡片框)　20 以上(未隔卡片框)

(15)照明配电箱(板)应安装牢固、平正,其垂直偏差不应超过 3 mm;安装时,照明配电箱(板)四周应无空隙,其面板四周边缘应紧贴墙面,箱体和建筑物、构筑物接触部分应涂防腐漆。

(16)固定面板的机螺栓,应采用热浸镀锌圆帽机螺栓,其间距不得超过 250 mm,并应均匀地对称于四角。

（17）配电箱（盘）面板较大时，应有加强衬铁，当宽度大于 500 mm 时，箱门应做双开门。

（18）立式盘背面距建筑物应不超过 800 mm；基础型钢安装前应调直后埋设固定，其水平误差每米应不大于 1 mm，全长总误差不超过 5 mm。盘面底口距地面不应超过 500 mm。铁架明装配电盘距离建筑物应做到便于维修。

（19）立式盘应设在专用房间内或者加装栅栏，铁栅栏应做接地。

（20）照明配电箱（板）内的交流、直流或者不同电压等级的电源，应具有明显标志。

第 55 讲　配电箱（盘）安装要求

（1）配电箱安装应符合以下规定。部件齐全，位置正确，箱体开孔合适，切口整齐。暗式配电箱箱盖紧贴墙面；相线、中性线、保护线（PE）经汇流排（线端子）连接，没有铰接现象；油漆完整，盘内外清洁，箱盖开关灵活；回路编号齐全，结线整齐，PE 保护地线不串接，安装明显牢固，导线截面、线色满足规范规定。

（2）导线与器具连接应符合下列规定。

①连接牢固紧密，不伤芯线。压板连接时压紧无松动；当螺栓连接时，在同一端子上导线不超过两根，防松垫圈等配件齐全。

②电气设备、器具以及非带电金属部件的保护接地支线敷设应符合下列规定：连接紧密、牢固，保护接地线截面选用正确，需防腐的部分涂漆均匀没有遗漏。线路走向合理，色标准确，涂刷后不污染设备和建筑物。

（3）允许偏差。

①配电箱（盘）体高 50 mm 以下，允许偏差 1.5 mm。

②配电箱（盘）体高 50 mm 以上，允许偏差 3 mm。

第 56 讲　配电箱（盘）安装

弹线定位：根据设计要求找出配电箱（盘）位置，并按箱（盘）的外形尺寸进行弹线定位；弹线定位的目的是对有预埋铁件的情况，可更准确地找出预埋件，或可以找出金属胀管螺栓的位置。

（1）明装配电箱（盒）。

①铁架固定配电箱（盘），调直角钢，量好尺寸，画好锯口线，锯断揻弯，钻孔位，焊接。揻弯时用方尺找正，再用电（气）焊，焊牢对口缝，并将埋入端做成燕尾，然后除锈，刷防锈漆。再按照标高用水泥砂浆把铁架燕尾端埋入牢固，埋入时要注意铁架的平直程度和孔间距离，应用线坠和水平尺测量准确后再稳住铁架。当水泥砂浆凝固后方可进行配电箱（盘）的安装。

②金属膨胀螺栓固定配电箱（盘），采用金属膨胀螺栓在混凝土墙或者砖墙上固定配电箱（盘）。根据位置的要求找出准确的固定点位置，利用电钻或者冲击钻在固定点位置钻孔，其孔径应刚好将金属膨胀螺栓的胀管部分埋入墙内，并且孔洞应平直，不得歪斜。

（2）现场配电箱（盘）面的加工。盘面可采用厚塑料板或者钢板。以采用钢板作为盘面为例，将钢板按尺寸量好，将切割线画出后进行切割，切割后用扁锉将棱角锉平。

盘面的组装配线如下：

①实物排列：将盘面板放平，再把全部电器、仪表置于其上，进行实物排列。对照设计图及电具、仪表的规格和数量，选择最佳位置使之满足间距要求，并保证操作维修方便及外形美观。

②加工：位置确定之后，用方尺找正，画出水平线，分均孔距，然后撤去电具、仪表，进行钻孔（孔径应与绝缘嘴吻合）。钻孔后除锈，刷防锈漆和灰油漆。

③固定电具：油漆干之后装上绝缘嘴，并把全部电具、仪表摆平、找正，用螺钉固定牢固。

④电盘配线：根据电具、仪表的规格、容量以及位置，选好导线的截面和长度，加以剪断进行组配。盘后导线应排列整齐，绑扎成束。压头时，把导线留出适当余量，并削出芯线，逐个压牢。但是多股线需用压线端子。如立式盘，开孔之后应首先固定盘面板，然后再进行配线。

（3）配电箱（盘）的固定。

①在混凝土墙或者砖墙上固定明装配电箱（盘）时，采用暗配管及暗分线盒和明配管两种方式。如有分线盒，先清理干净盒内的杂物，然后将导线理顺，分清支路和相序，按支路绑扎成束。待箱（盘）找准位置后，将导线端头引到箱内或盘上，逐个剥削导线端头，再逐个压接在器具上，同时把 PE 保护地线压在明显的地方，并把箱（盘）调整平直后进行固定。在电具、仪表比较多的盘面板安装完毕后，应先用仪表校对是否有差错，调整无误后试送电，将卡片框内的卡片填写好部位、编上号。

②在木结构或者轻钢龙骨护板墙上进行固定配电箱（盘）时，应采用加固措施。如配管在护板墙内暗敷设，并有暗接线盒时，要求盒口应同墙面平齐，在木质护板墙处应做防火处理，可以涂防火漆或者加防火材料衬里进行防护。

③暗装配电箱的固定。根据预留孔洞尺寸先把箱体找好标高及水平尺寸，并固定好箱体，然后用水泥砂浆填实周边并抹平齐，当水泥砂浆凝固后再安装盘面和贴脸。如箱底同外墙平齐时，应在外墙固定金属网之后再做墙面抹灰。不得在箱底板上抹灰。安装盘面要求平整，周边间隙均匀对称，贴脸（门）平正，不歪斜，螺钉要垂直，受力均匀。

④绝缘摇测。配电箱（盘）全部电器安装完毕之后，用 500 V 兆欧表对线路进行绝缘摇测。摇测项目包括相线和相线之间，相线和中性线之间，相线和保护地线之间，中性线和保护地线之间。两人进行摇测，与此同时做好记录，作为技术资料存档。

第3章 室内线路安装

第57讲 配管配线

将绝缘导线穿入保护管内敷设,称为配管(线管)配线。暗配管敷设对建筑结构的影响比较小,同时可避免导线受腐蚀气体的侵蚀和遭受机械损伤,更换导线也方便。所以,配管配线方式是目前采用最广泛的一种。

(1)线管选择。线管(导管)明敷设就是将管子敷设于墙壁、桁架以及柱子等建筑结构的表面。要求横平竖直、整齐美观、固定牢靠。线管暗敷设就是将管子敷设于墙壁、地坪以及楼板内等处,要求管路尽量短、弯曲少、不外露、方便穿线。

电线保护管可以分为金属导管与塑料导管两大类。金属导管:焊接钢管(分镀锌和不镀锌,其管径以内径计算)、普利卡金属套管、电线管(管径较薄,管径以外径计算)、套接紧定式钢(JDG)导管、套接扣压式薄壁钢(KBG)导管以及金属软管等。塑料导管:硬塑料管(含PVC 管)、阻燃半硬聚氯乙烯管以及聚氯乙烯塑料波纹电线管等。

金属导管配线适用于室内外场所,但是对金属导管有严重腐蚀的场所不宜采用。建筑物顶棚内宜采用金属导管配线,其穿管管径选择见表3.1。

表3.1 BV、BLV 塑料绝缘导线穿管管径选择表

导线截面/mm²	PVC管(外径/mm)							焊接钢管(内径/mm)							电线管(外径/mm)						
	导线数/根							导线数/根							导线数/根						
	2	3	4	5	6	7	8	2	3	4	5	6	7	8	2	3	4	5	6	7	8
1.5			16			20				15			20			16			19		25
2.5		16			20					15			20			20			19		25
4		16			20				15			20			16	19			25		
6	16		20		25			15		20			25		19		25				32
10	20		25		32			20			25		32		25			32			38
16	25	32		40				25		32			40		25	32			38		51
25	32		40			50		25		32			50		32	38			51		
35	32	40		50				32		40				5	38			51			
50	40		50					32		50		60				51					
70	50		60		80			50			65		80		51						
95	50	60		80				50		65		80									
120	50	60	80	100				50		65		80									

注:管径为51的电线管一般不用,因为管壁太薄,弯曲后易变形

塑料导管配线通常适用于室内场所和有酸碱腐蚀性介质的场所,但在易受机械损伤的

场所不宜采用明敷设。在建筑物顶棚内,宜采用难燃型 PVC 管配线。

导管规格的选择应依据管内所穿导线的根数和截面决定,一般规定,管内导线的总截面积(包括外护层)不应超过管子内径截面积的 40% ,导线不应大于 8 根。可参照表 3.1 选择线管的外径。

(2)导管敷设施工工艺。导管敷设的工艺流程大致可分为下列几部分:熟悉图纸,导管加工,盒、箱固定以及导管敷设等。

①熟悉图纸。导管暗敷设施工时,不仅要读懂电气施工图,还要阅读建筑和结构施工图以及其他专业的图纸,电气工程施工之前要了解土建布局及建筑结构情况,电气配管和其他工种间的配合情况。按照施工图要求和施工规范的规定(或者实际需要),经过综合考虑,确定盒(箱)的正确位置及管路的敷设部位和走向、管路在不同方向进出盒(箱)的位置等。

②导管加工。导管加工主要包括管子弯曲、切割以及套丝等。

a.管子弯曲。配管之前首先按照施工图要求选择管子,然后再依据现场实际情况进行必要的加工。因为管线改变方向是不可避免的,因此弯曲管子是经常的。钢管的弯曲方法多使用弯管器或弯管机。PVC 管的弯曲可先把弯管专用弹簧插入管子的弯曲部分,然后进行弯曲(冷弯),其目的是防止管子弯曲后变形。

导管的端部与盒(箱)的连接处,通常应弯曲成 90°曲弯或鸭脖弯。导管端部的 90°曲弯一般用于盒后面入盒,常用于墙体厚度是 240 mm 处,管端部不应过长,以确保管盒连接后管子在墙体中间位置上。导管端部的鸭脖弯通常用于盒侧面(上或下)入盒,常用于墙体厚度为 120 mm 处的开关盒或薄楼板的灯位盒等,撅制时应注意两直管段间的距离,并且端部短管段不应过长,可小于 250 mm,防止造成砌体墙通缝。90°曲弯或鸭脖弯的示意图如图 3.1 所示。

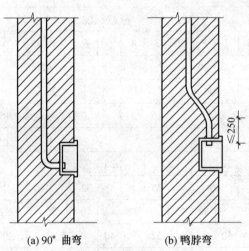

(a) 90° 曲弯   (b) 鸭脖弯

图 3.1　管端部的弯曲

b.线管的切断。钢管用钢锯、割管器以及砂轮切割机等进行切割,严禁使用气焊切割,切割的管口应用圆锉处理光滑。PVC 管用钢锯条或者带锯的多用电工刀切断。

c.套丝。焊接钢管或者电线钢管与钢管的连接,钢管与配电箱、接线盒的连接均需要在钢管端部套丝。套丝多采用管子套丝板或者电动套丝机。套丝完毕后,将管口端面和内壁的毛刺用锉刀锉光,使管口保持光滑,防止穿线时割破导线绝缘。

d. 钢管防腐。非镀锌钢管明敷设和敷设于顶棚或者地下时,其钢管的内外壁应做防腐处理,而埋设于混凝土内的钢管,其外壁可不做防腐处理,但应除锈。

③管路连接。

a. 管与管的连接。钢管的连接有螺纹连接及套管熔焊连接等。当钢管采用螺纹连接时(管接头连接),其管端螺纹长度不应小于管接头长度的 1/2,连接之后,其螺纹要外露 2~3 扣;钢导管的套管熔焊连接只适用于壁厚大于 2 mm 的非镀锌钢管,套管长度宜是所连接钢管外径的 1.5~3 倍,管和管的对口应位于套管的中心;套接紧定式钢(JDG)导管的管路连接使用配套的直管接头与弯管接头,用紧定螺钉固定;套接扣压式薄壁钢(KBG)导管的管路连接用配套的直管接头与弯管接头,套接后用专用工具扣压。

PVC 管常用套接法连接,当套接法连接时,用比连接管管径大一级的塑料管做套管,长度为连接管外径的 1.5~3 倍,将涂好胶合剂的连接管从两端插入套管内。也可使用专用成品管接头进行连接,管与管的连接如图 3.2 所示。

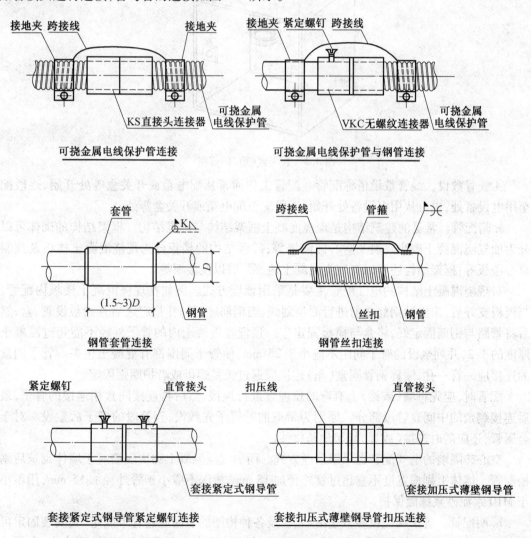

图 3.2　管与管的连接

b. 管与盒(箱)的连接。厚壁非镀锌钢管同盒(箱)连接可以采用焊接固定,管口宜突出盒(箱)内壁3~5 mm,焊后应补涂防腐漆;镀锌钢管与盒(箱)连接应通过锁紧螺母或者护圈帽固定,用锁紧螺母固定的管端螺纹宜外露锁紧螺母2~3扣。PVC管进入盒(箱)用入盒接头与入盒锁扣进行固定,管端部和入盒接头连接处的结合面要涂以专用胶合剂,接口应牢固密封。也可在管端部进行加热,软化后做成喇叭口进行固定。管与盒(箱)的连接如图3.3所示。

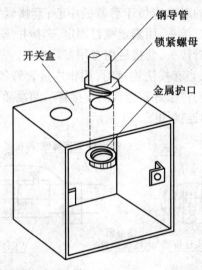

图3.3　管与盒(箱)的连接

④线管敷设。线管敷设俗称配管。配管工作通常从配电箱或开关盒等处开始,逐段配至用电设备处,也可从用电设备处开始,逐段配至配电箱或开关盒等处。

a. 暗配管。常见的建筑结构是现浇混凝土框架结构与砖混结构。框架结构的砌体可以分为加气浇混凝土砌块隔墙及空心砖隔墙等;砖混结构的楼板分为现浇混凝土楼板及预制空心楼板等;框架结构还可以有现浇混凝土柱、梁、墙以及楼板等。

对现浇混凝土结构的电气配管主要是采用预埋方式。例如在现浇混凝土楼板内配管,当模板支好后,未敷设钢筋之前进行测位划线,当钢筋底网绑扎垫起之后开始敷设管、盒,然后将管路与钢筋固定好,将盒与模板固定牢。预埋在混凝土内的管子外径不能超过混凝土厚度的1/2,并列敷设的管子间距不应小于25 mm,使管子周围都有混凝土包裹。管子同盒的连接应一管一孔,镀锌钢管同盒(箱)连接应通过锁紧螺母或者护圈帽固定。

配管时,应先将墙(或梁)上有弯的预埋管进行连接,然后再连接同盒相连接的管子,最后连接剩余的中间直管段部分。原则为带弯曲的管子先敷设,直管段的管子后敷设。对于金属管,还应随时连接(或焊)好接地跨接线。

空心砖隔墙的电气配管也采用预埋方式。而加气浇混凝土砌块隔墙应于墙体砌筑后剔槽配管。墙体上剔槽宽度不宜超过管外径加15 mm,槽深不应小于管外径加15 mm,用不小于M10水泥砂浆抹面保护。

b. 明配管。管子明敷设多数是沿墙、柱及各种构架的表面通过管卡固定,其安装固定可用塑料胀管、膨胀螺栓或者角钢支架,如图3.4所示。固定点与管路终端、转弯中点、电器或接线盒边缘的距离宜为150~500 mm;其中间固定点间距根据管径大小决定,应符合安装施工规范规定。

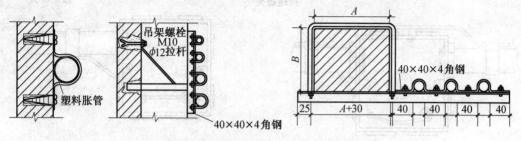

图3.4　明配管固定方法

敷管时,先把管卡一端的螺丝拧进一半,然后将管敷设在管卡内,逐个将螺丝拧牢。使用铁支、吊架时,可把导管固定在支、吊架上。设计没有规定时,支、吊架的尺寸及材料应采用48 mm圆钢或25 mm×3 mm角钢。

⑤跨接接地线。为了安全运行,使整个金属导管管路可靠地连接成为一个导电整体,以防由于电线绝缘损坏而使导管带电引起事故,导管管路要进行接地连接。

当非镀锌钢导管之间及管与盒(箱)之间采用螺纹连接时,连接处的两端应焊接跨接接地线,钢管跨接接地线规格选择见表3.2。镀锌钢管或者可挠金属电线保护管的跨接接地线宜采用专用接地卡固定跨接接地线,不应采用熔焊连接。如图3.5所示为跨接接地线做法。

表3.2　钢管跨接线选择表

公称直径/mm		跨接线/mm	
电线管	钢管	圆钢	扁钢
≤32	≤25	φ6	
40	32	φ8	25 mm×4 mm
50	40~50	φ10	
70~80	70~80	φ12以上	

⑥变形缝做法。管子借助建筑物的沉降(变形)缝时应增设接线盒(箱)作为补偿装置,如图3.6所示为其做法。

(3)管内穿线方法。穿线工作通常应在管子全部敷设完毕后进行。先清扫管内积水和杂物,再穿一根钢丝线作为引线,当管路较长或者弯曲较多时,也可以在配管时就将引线穿好。一般在现场施工中对于管路较长,弯曲比较多,由一端穿入钢引线有困难时,多采用从两端同时穿钢引线,且将引线头弯成小钩,当估计一根引线端头超过另一根引线端头时,用手旋转比较短的一根,使两根引线绞在一起,然后把一根引线拉出,就可将引线的一头与需穿的导线结扎在一起。然后由两人共同操作,一人拉引线,一人整理导线并往管中送,直至拉出导线为止。

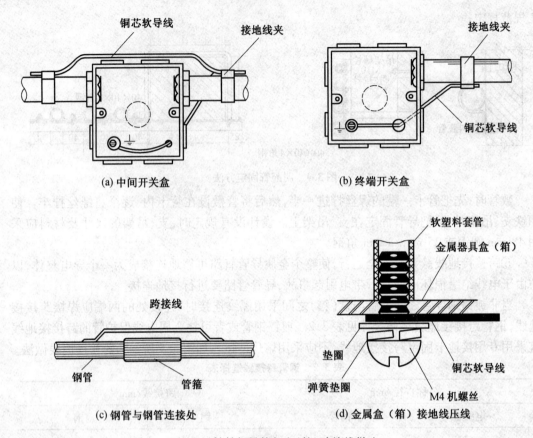

(a) 中间开关盒　　　　　(b) 终端开关盒

(c) 钢管与钢管连接处　　　　(d) 金属盒（箱）接地线压线

图 3.5　镀锌钢导管与盒（箱）跨接线做法

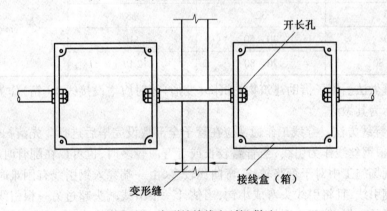

图 3.6　变形缝接线盒（箱）做法

第58讲　线槽配线

线槽配线由于配线方便,明配时也较为美观,在高层建筑中,常用于地下层的电缆配线、变配电所到电气竖井、电气竖井内和经过中筒向各用户的配线,也可以通过这种配线方式将不同功能的弱电配到各用户。线槽配线分为金属线槽配线、电缆桥架配线、塑料线槽配线以及地面内暗装金属线槽配线。

(1)金属线槽配线。

①金属线槽的选择与敷设。金属线槽用厚度是 0.4 ~ 1.5 mm 的钢板制成,适用于正常环境下室内干燥及不易受机械损伤的场所明敷设。具有槽盖的封闭式金属线槽,有和金属管相当的耐火性能,可以用于建筑物顶棚内敷设。

选择金属线槽时,应考虑到导线的填充率及载流导线的根数,并符合散热、敷设等安全要求。

金属线槽敷设时,吊点及支撑点的距离应根据工程具体条件确定。通常在直线段固定间距为 500 ~ 2 000 mm,在线槽的首端、终端、转角、分支、接头及进出线盒处为 200 mm。

金属线槽在墙上安装时,可以根据线槽的宽度采用 1 个或 2 个塑料胀管配合木螺丝并列固定。通常当线槽的宽度 $\delta \leq 100$ mm 时,采用一个胀管固定;线槽宽度 $\delta > 100$ mm 时,采用 2 个胀管并列固定。如图 3.7 所示。每节线槽的固定点不应少于 2 个,固定点间距通常为 500 mm,线槽在转角、分支处和端部都应有固定点。金属线槽还可采用托架及吊架等进行固定架设,如图 3.8 所示。

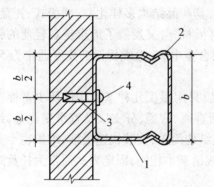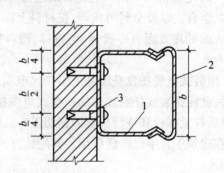

图 3.7　金属线槽在墙上安装
1—金属线槽;2—槽盖;3—塑料胀管;4—8×35 半圆头木螺丝

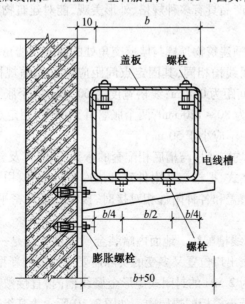

图 3.8　金属线槽在水平支架上安装

金属线槽的连接应无间断，直线段连接应采用连接板，用垫圈、螺栓以及螺母紧固，连接处间隙应严密、平直。在线槽的两个固定点间，线槽的直线段连接点只允许有一个。线槽进行转角、分支以及和盒（箱）连接时应采用配套弯头及三通等专用附件。金属线槽在穿过墙壁或楼板处不得进行连接，穿过建筑物变形缝处应设置补偿装置。

②槽内配线要求。线槽内导线敷设，不应出现挤压、扭结以及损伤绝缘等现象，应将放好的导线按回路（或按系统）整理成束，并用尼龙绳绑扎成捆，分层排放于线槽内，做好永久性编号标志。

导线总截面面积包括绝缘层在内不应大于线槽截面积的40%。在盖板可以拆卸的线槽内，导线接头处所有导线截面积之和（包括绝缘层），不应超过线槽截面积的75%。在盖板不易拆卸的线槽内，导线的接头应置于线槽的接线盒内。金属线槽应可靠接地或者接零，线槽所有非导电部分的铁件均应相互连接，使线槽本身有良好的电气连续性，但是不作为设备的接地导体。

（2）电缆桥架配线。电缆桥架也称为电缆梯架，其产品结构多样化，有梯级式、托盘式、槽式、组合式以及全封闭式等，在材料上除了用钢材板材外，又发展了追求美观轻便的铝合金，表面处理方面有冷镀锌、电镀锌、塑料喷涂及镍合金电镀，电缆桥架的高度通常为50～100 mm。

组装式电缆托盘是国际上第二代电缆桥架产品，只用很少几种基本构件及少量标准紧固件，就能拼装成任意规格的托盘式电缆桥架，包括直通、弯通、分支以及宽窄变化等，组装时只需拧紧螺栓和进行少量的锯切工作。电缆桥架结构简单，安装快速灵活，维护也十分方便，在建筑工程中已广泛应用。其配线方式与金属线槽基本相同，固定方式通常为托盘式或吊架式。

（3）塑料线槽配线。塑料线槽配线通常适用于正常环境室内场所的配线，也可以用于预制墙板结构及无法暗配线的工程。塑料线槽由槽底、槽盖以及附件组成，由难燃型硬质聚氯乙烯工程塑料挤压成型，产品具有多种规格、外形美观，能对建筑物起到装饰作用。如图3.9所示为配线示意图。

塑料线槽敷设时，宜顺建筑物顶棚与墙壁交角处的墙上及墙角和踢脚板上口线上敷设。槽底固定方法基本与金属线槽相同，其固定点间距应根据线槽规格而定，一般线槽宽度为20～40 mm，固定点最大间距为0.8 m；线槽宽度为60 mm，两个胀管并列固定，固定点最大间距为1.0 m，线槽宽度为80～120 mm，两个胀管并列固定，固定点最大间距为0.8 m。端部固定点和槽底端点间距不应小于50 mm。

槽底的转角、分支等均应使用与槽底相配套的弯头、三通以及分线盒等标准附件。线槽的槽盖及附件一般为卡装式，把槽盖及附件对准槽底平行放置，用手一按，槽盖及附件就可卡入到槽底的凹槽中。槽盖和各种附件相对接时，接缝处应严密平整、无缝隙，无扭曲及翘角变形现象。

（4）地面内暗装金属线槽配线。地面内暗装金属线槽配线是一种为适应现代化建筑物电气线路日趋复杂而配线出口位置又多变的实际需要而推出的新型配线方式。它是把电线或电缆穿入特制的壁厚为2 mm的封闭式矩形金属线槽内，直接敷设于混凝土地面、现浇钢筋混凝土楼板或预制混凝土楼板的垫层内。如图3.10所示为其组合安装。

地面内暗装金属线槽分为单槽型与双槽分离型两种结构形式，当强电与弱电线路同时

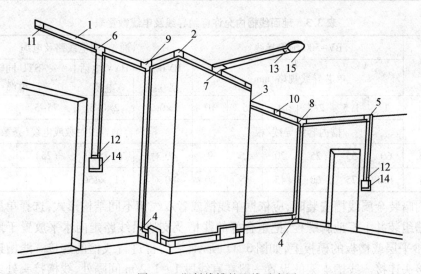

图 3.9 塑料线槽的配线示意图

1—直线线槽;2—阳角;3—阴角;4—直转角;5—平转角;

6—平三通;7—顶三通;8—左三通;9—右三通;10—连接头;

11—终端头;12—开关盒插口;13—灯位盒插口;14—开关盒及盖板;15—灯位盒及盖板

敷设时,为避免电磁干扰,应采用双槽分离型线槽分槽敷设,将强、弱电线路分隔。槽内允许容纳导线数量见表 3.3。

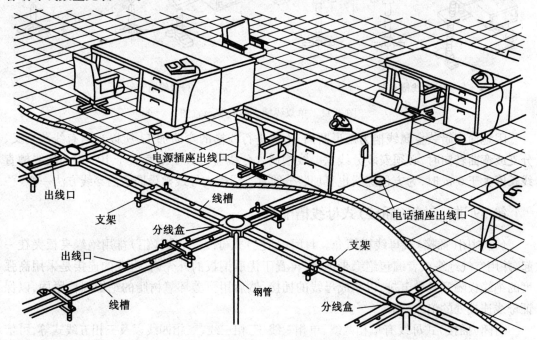

图 3.10 地面内暗装金属线槽配线

表3.3　地面线槽内允许容纳导线及电缆数量表

导线型号名称及规格	BV-500 绝缘导线						通信、弱电线路及电缆			
	单芯导线规格/mm²						RVB 平型软线	HYV 电话电缆	SYU 同轴电缆	
线槽型号规格	1	1.5	2.5	4	6	10	2×0.2	2×0.5	75-5	75-9
	槽内容纳导线/根						槽内容纳导线对数或电缆(条数)			
50 系列	60	35	25	20	15	9	40 对	(1)×80	(25)	(15)
70 系列	130	75	60	45	35	20	80 对	(1)×150	(60)	(30)

地面内暗装金属线槽安装时,应依据单线槽或者双线槽不同结构形式,选择单压板或双压板与线槽组装并上好地脚螺栓,把组合好的线槽及支架沿线路走向水平放置于地面或楼(地)面的抄平层或楼板的模板上,如图3.11所示,然后再进行线槽的连接。线槽连接应使用线槽连接头连接。线槽支架的设置一般在直线段1~1.2 m间隔处、线槽接头处或者距分线盒200 mm处。

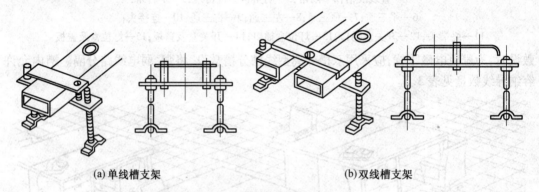

(a)单线槽支架　　　　　　　　　　　(b)双线槽支架

图3.11　单双线槽支架安装示意图

因地面内暗装金属线槽为矩形断面,不能进行线槽的弯曲加工,所以当遇有线路交叉、分支或弯曲转向时,必须安装分线盒。线槽插入分线盒的长度不宜大于10 mm。当线槽直线长度大于6 m时,为方便穿线也宜加装分线盒。线槽内导线敷设同管内穿线方法一样。

第59讲　封闭(插接)式母线槽配线

(1)封闭(插接)式母线槽简介。封闭(插接)式母线是将铜(铝)排用绝缘夹板夹在一起,并用空气绝缘或者缠包绝缘带绝缘,再置于优质钢板的外壳内,母线的连接是采用高强度的绝缘板隔开各导电排,以完成母线的插接,然后用覆盖环氧树脂的绝缘螺栓紧固,以保证母线连接处的绝缘可靠。

封闭(插接)式母线有单相两线、单相三线、三相三线、三相四线以及三相五线式等,可依据需要选用。封闭(插接)式母线本身结构紧凑,可以用于增加母线槽的数量以延伸线路,因为通过各种连接件与变压器、配电箱等连接非常方便,安装工艺简便,还便于中间分支,所以适用于大电流的配电干线,在变、配电所和高层建筑中已被广泛应用。

因为国内封闭(插接)式母线槽生产厂家很多,不但母线的名称各异(如封闭式母线、插接式母线或母线槽等),就连其型号含义和功能单元代号、标准长度代号的表示方法也不尽相同,同时又有各自的安装方式及安装附件,在选用时应多加注意。

(2)封闭(插接)式母线槽的功能单元。

①普通型母线槽。也就是直线式母线槽,单纯是为了延伸配电线路,通过绝缘螺栓能方便地连接成母线干线系统,带有插孔的母线槽(图3.12)可以利用插接分线箱、配电箱与母线槽形成一个完整的网络,并可通过插接分线箱进行电源分支,方便地将电源分路引出,向用电设备供电。普通型母线槽有十几种规格,一般长度介于0.5~3 m,有的母线槽可长达6 m。

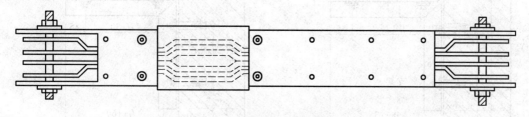

图 3.12　带插孔的母线槽

②插接分线箱。插接分线箱应与带插孔的母线槽匹配使用,以便于引出电源,向用电设备供电。插接分线箱内部可安装空气开关、闸刀开关、熔断器、按钮或其他电气元件,并可自由选择。

③始端母线槽。母线槽在与变压器、配电柜或者电缆连接时,采用始端母线槽,如图3.13所示,其长度通常有0.5 m、1 m两种。

④各种弯头。母线槽配线时,为了改变配线方向,还配套有各种弯头,有 L 形弯头、Z 形弯头、T 形弯头以及十字形弯头等。

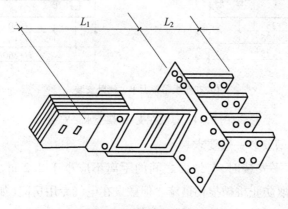

图 3.13　始端母线槽

⑤膨胀节母线槽。当封闭(插接)式母线运行时,母线导体会随温度的升高而沿长度方向膨胀,为适应其膨胀,当直线敷设长度大于40 m时,应设置伸缩节(即膨胀节母线槽)。母线在水平跨越建筑物的伸缩缝或者沉降缝处,也宜采取适当措施。

(3)封闭式母线槽支、吊架制作安装。母线槽的固定形式有垂直与水平安装两种。水平安装分为平卧式与侧卧式,垂直安装有弹簧支架与沿墙支架固定式。支、吊架可根据用户要求由厂家配套供应,也可自制。制作支、吊架应根据施工现场结构类型,采用角钢及槽钢制作,通常采用"一"字形、"U"形、"L"形以及"T"字形和吊架形等几种形式。如图3.14所示为其安装示意。

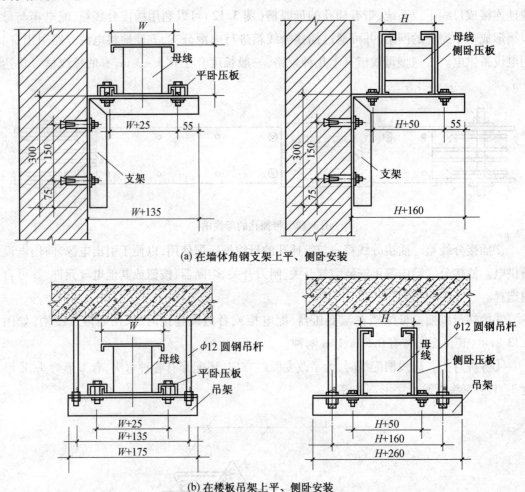

(a) 在墙体角钢支架上平、侧卧安装

(b) 在楼板吊架上平、侧卧安装

图3.14　母线在支、吊架上水平安装

(4)封闭式母线槽安装一般要求。

①封闭式母线水平安装时,与地面之间的距离不应小于2.2 m。垂直安装时,距地面1.8 m以下部分应采取防止机械损伤措施。但敷设在电气专用房间(如配电室、电机室、电气竖井以及技术层等)时除外。

②封闭式母线水平敷设时支撑点间距不宜大于2 m。当垂直敷设时,应于通过楼板处采用专用附件支撑,如图3.15所示。

③当封闭式母线直线敷设长度大于40 m时,应设置伸缩节(即膨胀节母线槽)。母线在水平跨越建筑物的伸缩缝或者沉降缝处,应采取适当措施。

④封闭式母线的插接分支点应设于安全及维修方便的地方。

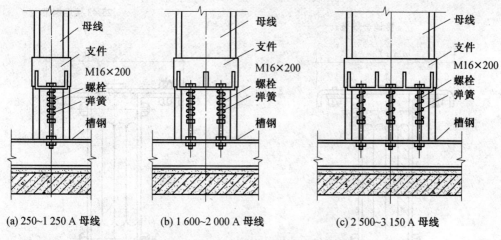

(a) 250~1 250 A 母线　　　(b) 1 600~2 000 A 母线　　　(c) 2 500~3 150 A 母线

图 3.15　母线安装用弹簧支承器

⑤封闭式母线的连接不应在穿过楼板或者墙壁处进行,如图 3.16 所示。

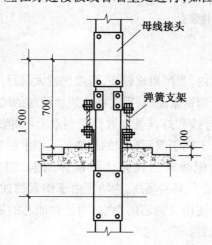

图 3.16　母线接头与楼(地)面关系示意图

⑥封闭式母线在穿过防火墙和防火楼板时,应采取防火措施。

⑦封闭式母线的外壳需做接地连接,但是不得作为保护干线用。

封闭式母线槽接地连接有借助壳体本身做接地线的,也有一种半总体接地装置(图3.17 为半总体接地装置示意图),接地金属带和各相母线并列,在连接各母线槽时,相邻槽的接地带自动紧密结合。还有在外壳体上附加 25 mm×3 mm 裸铜带做接地线的(图 3.18 为附加接地装置示意图)。无论采用什么形式接地,均应接地牢固,防止松动,且禁止焊接。母线槽外壳接地线应与专用保护线(PE 线)连接。

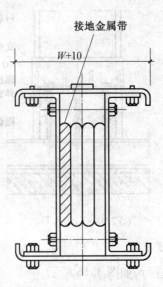
图3.17 半总体接地装置

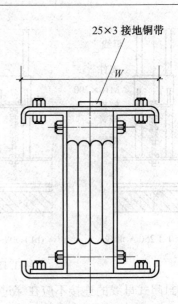
图3.18 附加接地装置

第60讲 钢索配线

在工业厂房或高大场所内,当屋架比较高,跨度比较大,而灯具安装高度要求较低时,照明线路可采用钢索配线。所谓钢索配线,即为在建筑物两端的墙壁或柱、梁之间架设一根用花篮螺栓拉紧的钢索,再把导线和灯具悬挂敷设于钢索上。导线在钢索上敷设可以采用管子配线、塑料护套线配线等,不同于前面配线的是增加了钢索的架设。

(1)钢索的选择。钢索配线应当优先使用镀锌钢索,钢索的单根钢丝直径应小于0.5 mm。在潮湿或有腐蚀性介质等的场所,为防止由于钢索锈蚀而影响安全运行,应使用塑料护套钢索。钢索配线不应使用含油芯的钢索,因为含油芯的钢索易积灰而锈蚀。配线用的钢索也可通过镀锌圆钢代替。

钢索的规格应依据跨距、荷重及其机械强度来选择,但采用钢绞线时,最小截面积不宜小于10 mm²;采用镀锌圆钢时,其直径不宜小于10 mm。钢索弛度的大小是借助花篮螺栓调整的。但当钢索长度过大时(大于50 m)应在两端装设花篮螺栓,每超过50 m应加装一个中间花篮螺栓。为减小钢索弛度(不宜大于100 mm)可以增加中间吊钩,其间距不应大于12 m。

(2)钢索吊管配线。钢索吊管配线是采用扁钢吊卡将钢管或者硬塑料管以及灯具吊装在钢索上。扁钢吊卡安装应垂直、平整、牢固以及间距均匀,其间距不应大于1 500 mm(塑料管不大于1 000 mm),吊卡距灯位接线盒的最大间距不应大于200 mm(塑料管不超过150 mm),如图3.19所示。

(3)钢索吊塑料护套线配线。塑料护套线具有双层塑料保护层,也就是芯线绝缘为内层,外面再统包一层塑料绝缘护套,比较常见的型号有BVV、BLVV、BVVB、BLVVB等,常用在预制板空心洞中直接敷设。

钢索吊塑料护套线配线是采用铝皮线卡把塑料护套线固定在钢索上,使用塑料接线盒和接线盒固定钢板将照明灯具吊装在钢索上,如图3.20所示。线卡距灯头盒的最大距离为

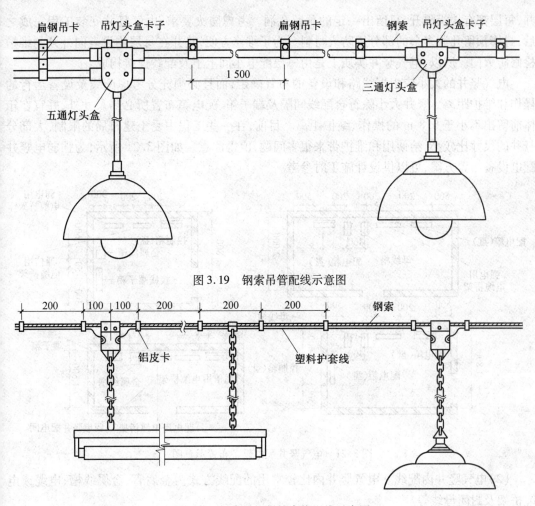

图 3.19 钢索吊管配线示意图

图 3.20 钢索吊塑料护套线配线示意图

100 mm；线卡之间最大间距是 200 mm。

第61讲 电气竖井内配线

竖井内配线通常适用于多层和高层民用建筑中强电及弱电垂直干线的敷设，为高层建筑特有的一种综合配线方式。

相比于一般的民用建筑，高层民用建筑室内配电线路的敷设有一些特殊情况。一方面是由于电源一般在最底层，用电设备分布在各个楼层直到最高层，配电主干线垂直敷设且距离很大；另一方面是消防设备配线及电气主干线有防火要求。这即形成了高层建筑室内线路敷设的特殊性。

除了层数不多的高层住宅可以采用导线穿钢管在墙内暗敷设以外，层数较多的高层民用建筑，因为低压供电距离长，供电负荷大，为了使线路电压损失及电能损耗减少，干线截面都比较大。一般干线是不能暗敷设于建筑物墙体内的，须敷设在专用的电气竖井内。

（1）电气竖井的构造。电气竖井就是在建筑物中由底层到顶层留出一定截面的井道。竖井在每个楼层上设有配电小间，它为竖井的一部分，这种敷设配电主干线上升的电气竖井,每层都有楼板隔开,只留出一定的预留孔洞。考虑防火要求,电气竖井安装工程完成之后,封堵预留孔洞多余的部分用防火材料。为了维修方便,竖井在每层均设有向外开的维护检修防火门。所以,电气竖井实质上是由每层配电小间上下及配线连接构成。

电气竖井的大小应根据线路和设备的布置确定,而且必须充分考虑配线及设备运行的操作和维护距离。竖井大小除符合配线间隔及端子箱、配电箱布置所必需尺寸外,并宜在箱体前留出不小于0.8 m的操作、维护距离。目前,在一些工程中受土建布局的限制,大部分竖井的尺寸比较小,给使用和维护带来很多问题,值得注意。如图3.21所示,为强弱电竖井配电设备布置方案,可以供设计施工时参考。

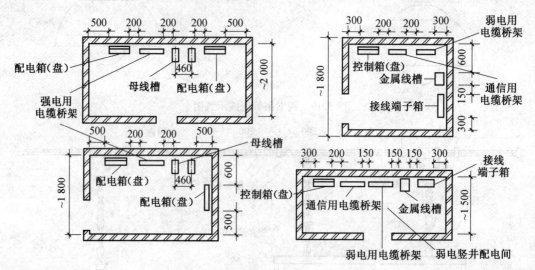

图3.21　电气竖井配电设备布置示意图

（2）电气竖井内配线。电气竖井内比较常用的配线方式为金属管、金属线槽、电缆或电缆桥架及封闭母线等。

在电气竖井内除敷设干线回路外,还可设置各层的电力、照明分线箱以及弱电线路的端子箱等电气设备。

竖井内高压、低压以及应急电源的电气线路,相互间应保持0.3 m及以上距离或者采取隔离措施,并且高压线路应设有明显标志。

强电与弱电如受条件限制必须设在同一竖井内,应分别布置于竖井两侧或采取隔离措施以防止强电对弱电的干扰。

电气竖井内应敷设有接地干线与接地端子。

①金属管配线。在多、高层民用建筑中,采用金属管配线时,配管由配电室引出后,通常可采用水平吊装,如图3.22所示的方式进入电气竖井内,然后沿着支架在竖井内垂直敷设。

在竖井内,绝缘导线穿钢导管布线穿过楼板处,应配合土建施工,将钢导管直接预埋于楼板上,不必留置洞口,并且也不再需要进行防火封堵。

②金属线槽配线。利用金属线槽配线施工较为方便,线槽水平吊装可以用角钢支架支撑,角钢支架可用膨胀螺栓固定在建筑物楼板下方,膨胀螺栓的孔是通过冲击钻打出的,在楼板上并不需要预留或预埋件。吊装线槽的吊杆与膨胀螺栓的连接,可以使用M10×40连接螺母进行,如图3.23所示。

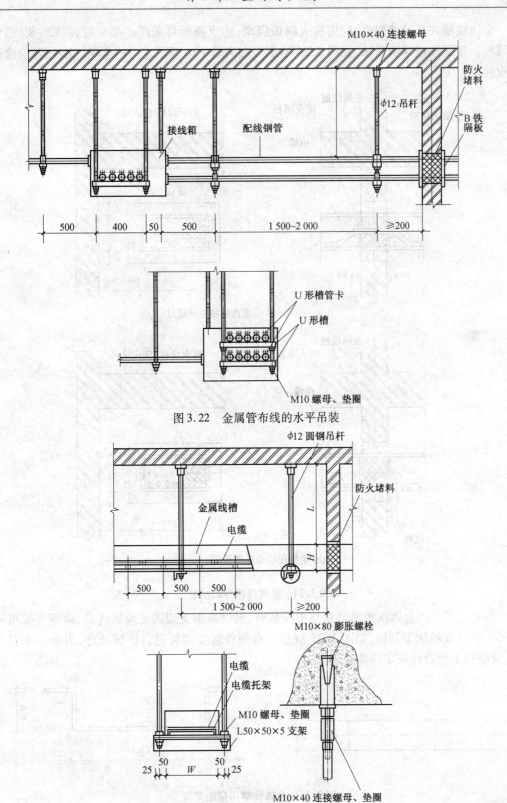

图 3.22 金属管布线的水平吊装

图 3.23 金属线槽的水平吊装

　　金属线槽在通过墙壁处,应用防火隔板隔离,防火隔板可采用矿棉半硬板、EF-85 型耐火隔板。金属线槽穿墙做法,如图 3.24 所示。在离墙 1 m 范围之内的金属线槽外壳应涂防火涂料。

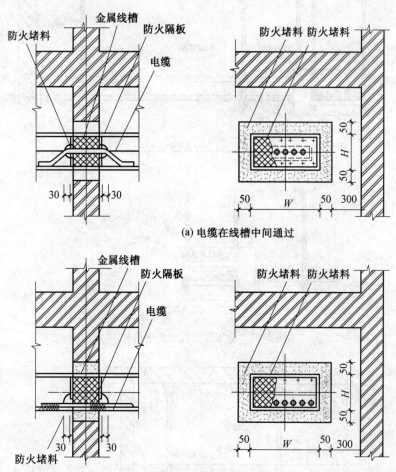

(a) 电缆在线槽中间通过

(b) 电缆在线槽底部通过

图 3.24　金属线槽穿墙吊装

　　在电气竖井内金属线槽沿墙穿楼板安装时,借助扁钢支架固定金属线槽,扁钢支架可用 Q235A 钢材现场加工制作,如图 3.25 所示。有条件时支架可进行镀锌处理,当条件不具备时,应按照工程设计规定涂漆处理。

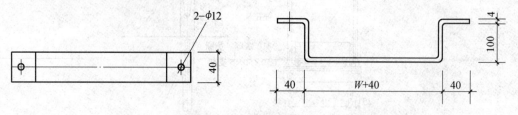

图 3.25　金属线槽用扁钢支架
W—线槽宽度

金属线槽用扁钢支架,使用 M10×80 膨胀螺栓同墙体固定,线槽槽底和支架之间用 M6×10 开槽盘头螺钉固定。金属线槽底部固定线槽的扁钢支架与楼地面之间的距离为 0.5 m,固定支架中间距离为 1~1.5 m。金属线槽的支架应该用 φ12 镀锌圆钢进行焊接连接并且作为接地干线。金属线槽穿过楼板处应设置预留洞,并预埋 L40×4 固定角钢做边框。安装好金属线槽之后,再用 4 mm 厚钢板做防火隔板与预埋角钢边框固定,预留洞处用防火堵料密封。金属线槽沿墙穿楼板安装,如图 3.26 所示。

金属线槽配线,电线或者电缆在引出线槽时要穿金属管,电线或者电缆不得有外露部分,管与线槽连接时,应在金属线槽侧面开孔。孔径和管径应相吻合,线槽切口处应整齐光滑,严禁用电、气焊开孔,金属管应用锁紧螺母和护口与线槽连接孔连接。如图 3.27 所示为由金属线槽引入端子箱的做法。

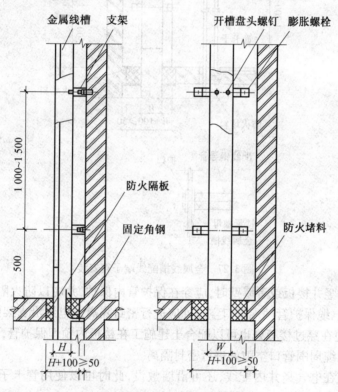

图 3.26　金属线槽沿墙穿楼板安装做法

③竖井内电缆配线。竖井内敷设的电缆,其绝缘或者护套应具有非延燃性。竖井内电缆多采用聚氯乙烯护套细钢丝铠装电力电缆,这种电缆可以承受较大的拉力。

多、高层建筑中,低压电缆由低压配电室引出后,通常沿电缆隧道、电缆沟或电缆桥架进入电缆竖井,然后沿支架或者桥架垂直上升。

电缆在竖井内沿支架垂直配线,采用的支架可以按金属线槽用扁钢支架的样式在现场加工制作,支架的长度应根据电缆直径及根数的多少而定。

扁钢支架同建筑物的固定应采用 M10×80 的膨胀螺栓紧固。支架每隔 1.5 m 设置一个,底部支架距楼(地)面的距离不应小于 300 mm。电缆在支架上的固定采用同电缆外径相配合的管卡子固定,并且电缆之间的间距不应小于 50 mm。

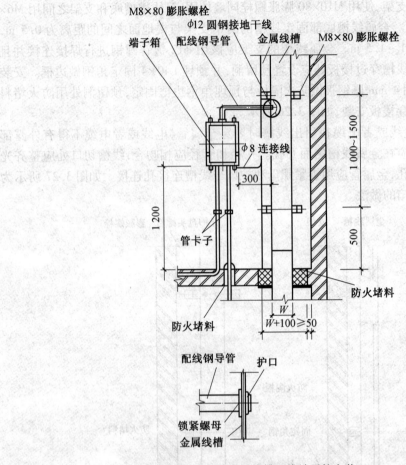

图 3.27　金属线槽配线端子箱安装

　　电缆在穿过竖井楼板或者墙壁时,应穿在保护管内保护,并应以防火隔板及防火堵料等做好密封隔离,电缆保护管两端管口空隙处应进行密封隔离。电缆沿支架的垂直安装,如图3.28所示。电缆在穿过楼板处也可以配合土建施工在楼板内预埋保护管,电缆配线之后,只在保护管两端电缆周围管口空隙处进行密封隔离。

　　小截面电缆在电气竖井内配线,还可沿墙敷设,此时可以使用管卡子或单边管卡子用46×30塑料胀管固定,如图3.29所示。

　　电缆配线垂直干线和分支干线的连接,常采用"T"接方法。为使接线方便,树干式配电系统电缆应尽量采用单芯电缆,单心电缆"T"接是采用专门的"T"接头,它是由两个近似半圆的铸铜U形卡所构成的,两个U形卡卡住电缆芯线,两端用螺栓固定。其中一个U形卡上带有固定引出导线接线耳的螺孔及螺钉。如图3.30所示为单芯电缆"T"形接头大样。

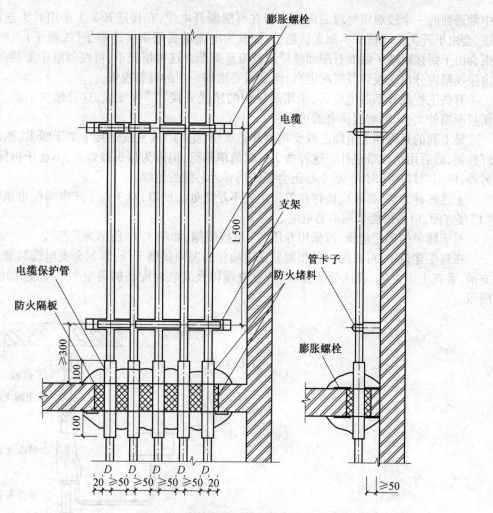

图 3.28　电缆布线沿支架垂直安装

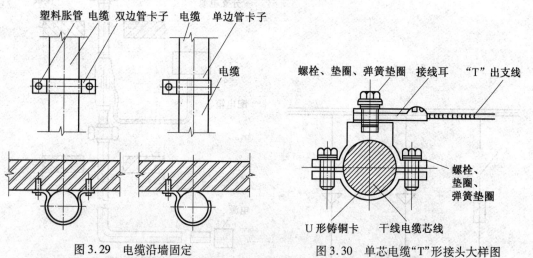

图 3.29　电缆沿墙固定　　　　　　图 3.30　单芯电缆"T"形接头大样图

为使单芯电缆在支架上的感应涡流减少,固定单芯电缆应使用单边管卡子。

采用四芯或者五芯电缆的树干式配电系统电缆,在连接支线时,进行"T"接是电缆敷设中常遇到的一个较难以处理的问题。若在每层断开电缆,在楼层开关上采用共头连接的方法,会由于开关接线桩头小而无法施工;如改为电缆端头用铜接线端子(线鼻子)三线共头,则会由于铜接线端子截面有限而使导线载流量降低。这种情况下,可在每层中加装接线箱,由接线箱内分出支线到各层配电盘,但是需要增加一定的设备投资。

　　有些工程断开四芯电缆后,采用高压用的接线夹接"T"接支线,这种做法不但不美观,而且断缆处太多,影响到供电的可靠性。

　　最不利的是将四芯电缆芯线交错剥开绝缘层,把"T"接支线连接于主干线上,然后用喷灯挂锡,最后用绝缘带包扎。这种做法虽然简单易行,但因为接头被焊死,不便于拆除检修,另外,使用喷灯挂锡时,一不小心还会损坏到邻近芯线的绝缘。

　　上述各种方法,都相应地存在着一定的不足之处。所以,对于树干式电缆配电系统为了"T"接方便,应尽可能采用单芯电缆。

　　对于简单的多层建筑,可采用专用"T"形接线箱,如图3.31所示为其接线。

　　在高层建筑中,可采用一种预制分支电缆作为竖向供电干线,预制分支电缆装置由上端支承、垂直主干电缆、模压分支接线、分支电缆以及安装时配备的固定夹等组成,如图3.32所示。

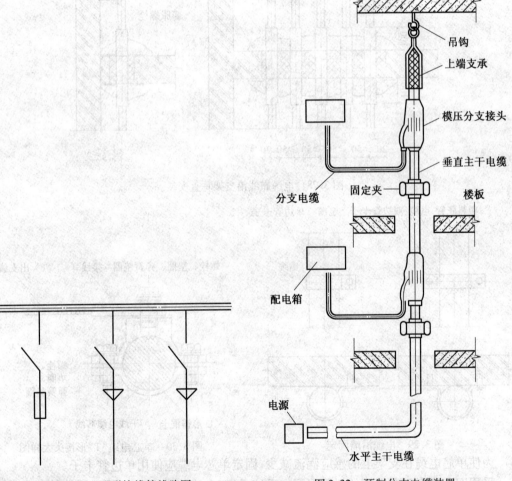

图3.31　"T"形接线箱线路图　　　　　　图3.32　预制分支电缆装置

　　预制分支电缆装置分单相双线、单相三线、三相三线以及四相四线。主电缆和分支电缆均是由 XLPE 交联聚乙烯绝缘的铜芯导线、外护套为 PVC 材料的低压电缆,如图 3.33 所示。

　　预制分支电缆装置的垂直主电缆与分支电缆之间采用模压分支连接,电缆的分支连接件采用 PVC 合成材料的注塑而成。如图 3.34 所示,电缆的 PVC 外套与注塑的 PVC 连接件接合在一起形成气密和防水。

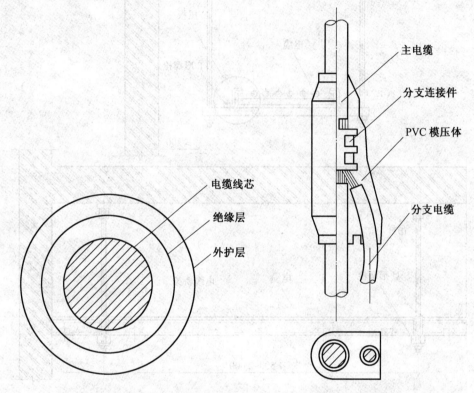

主电缆

分支连接件

PVC 模压体

分支电缆

电缆线芯

绝缘层

外护层

图 3.33　单芯电缆结构　　　　　　　　图 3.34　模压分支连接

　　预制分支电缆装置的分支连接及主电缆顶端处置和悬吊部件均在工厂中进行,这使电缆分支接头的施工质量得到保证,并可以解决目前工地上很难保证的大规格电缆分支接头的质量问题。

　　④电缆桥架配线。低压电缆由低压配电室引出之后,可以沿电缆桥架进入电缆竖井,然后再沿桥架垂直上升。

　　电缆桥架十分适合于全塑电缆的敷设。桥架不仅可以用于敷设电力电缆和控制电缆,同时也可以用于敷设自动控制系统的控制电缆。

　　电缆桥架的形式是多种多样的:有梯架、有孔托盘、无孔托盘以及组合式桥架等。

　　电缆桥架的固定方法很多,比较常见的是用膨胀螺栓固定,这种方法施工简单、方便、省工以及准确,省去了在土建施工中预埋件的工作。

　　如图 3.35 所示,在电气竖井设备安装中,电缆桥架水平吊装。图中使用的 φ12 吊杆吊挂 U 形槽钢,做桥架的吊架,梯架用 M8×30 T 形螺栓及压板固定在 U 形槽钢上。吊杆用 M10×40 连接螺母与膨胀螺栓连接,吊杆间距是 1.5～2 m。电缆在梯架上为单层布置,用塑料卡带将电缆固定在梯架上。

　　电缆桥架的梯架于竖井内垂直安装时,是梯架在竖井墙体上通过∟50×5 角钢制成的三

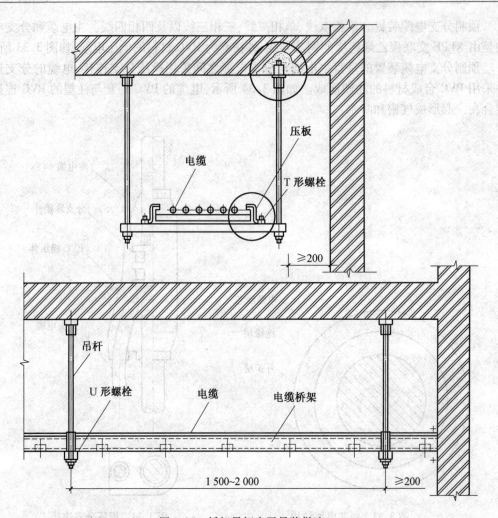

图3.35　桥架吊杆水平吊装做法

角形支架和同规格的角钢固定,在竖井楼板上借助两根[10 槽钢和∟50×5 角钢支架固定,如图 3.36 所示。

敷设于垂直梯架上的电缆采用塑料电缆卡子固定。

电缆桥架在穿过竖井时,应在竖井墙壁或者楼板处预留洞口,配线完成之后,洞口处应用防火隔板及防火堵料隔离,防火隔板可以采用矿棉半硬板、EF-85 型耐火隔板或者厚 4 mm 钢板撖制,电缆桥架穿竖井的做法,如图 3.37 所示。

⑤封闭母线配线。高层建筑中的供电干线,在干线容量比较大时推荐使用封闭母线。

封闭母线由工厂成套生产,可以向工厂订购。封闭母线为一种用组装插接方式引接电源的新型电气配电装置,它具有使用安全可靠,配电设计简单、安装快速方便,简化供电系统、寿命长、外观美等优点。且其综合经济效益大大高于其他传统布线方式。

封闭母线既可水平吊装也可垂直安装。封闭母线水平吊装时,采用∟50×5 角钢作为支架,φ12 吊杆悬吊支架,吊杆长度 L 通过设计决定。封闭母线水平吊装时,吊架间距应符合设计要求和产品技术文件规定,通常不宜大于 2 m。吊杆与建筑物楼(屋)面混凝土内膨胀螺栓用 M10×40 连接螺母连接固定。封闭母线在支架上,有平卧式安装与侧卧式安装两种

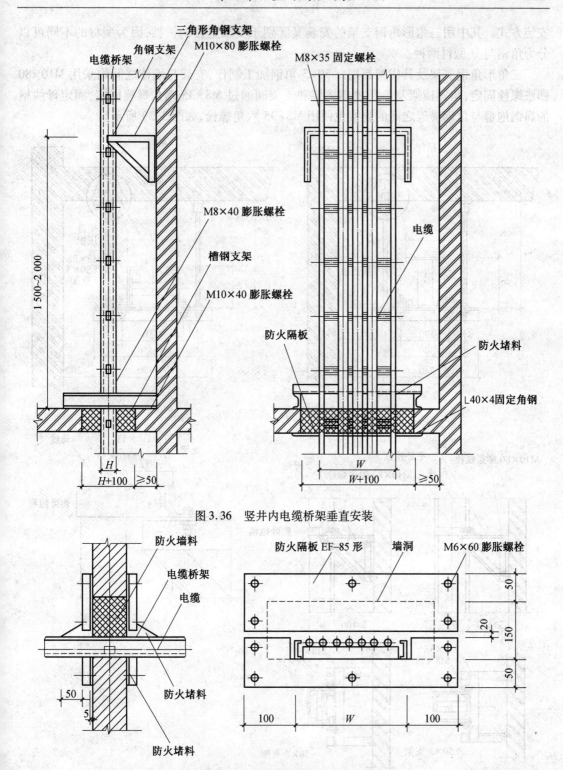

图 3.36　竖井内电缆桥架垂直安装

图 3.37　电缆桥架穿竖井的做法

形式,平卧式安装采用平卧压板,侧卧式安装应使用侧卧压板固定,如图 3.38 所示。

封闭母线在竖井内垂直安装并沿墙固定,有用三角形角钢支架和"U"形角钢支架两种安装方式。其中用三角形角钢支架的安装又区别于支架上方的横架,因为型材的不同可以分为角钢与U型材两种。

三角形角钢支架及其横架都用∟50×5角钢加工制作,支架与墙体之间均采用M10×80膨胀螺栓固定,角钢横架及U形槽钢横架和支架间通过M8×35六角螺栓固定,固定母线槽的扁钢抱箍与角钢横架之间的连接也使用M8×35六角螺栓,如图3.39所示。

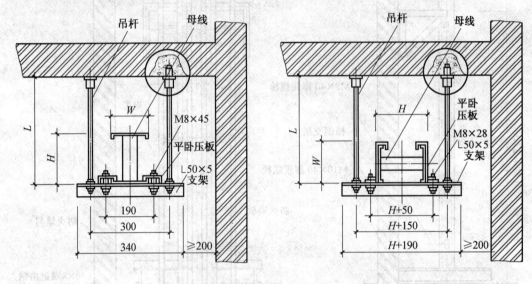

图3.38　母线水平吊装

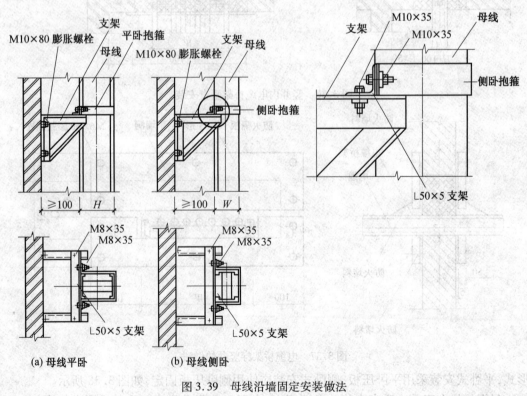

(a) 母线平卧　　　(b) 母线侧卧

图3.39　母线沿墙固定安装做法

封闭母线在竖井内垂直敷设时,应在借助楼板处采用专用附件支承。

封闭母线在竖井内与电缆接头盒和电缆分线箱安装,如图 3.40 所示。

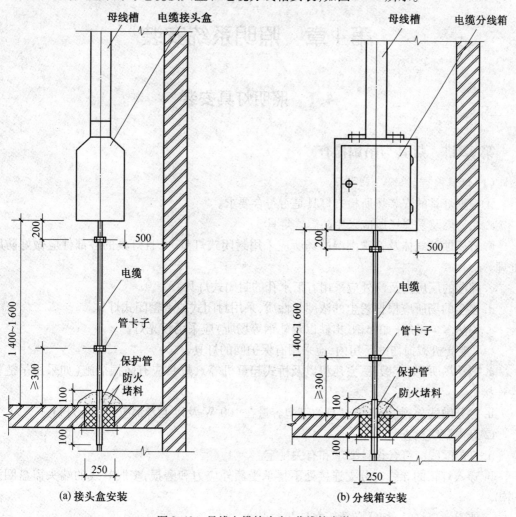

图 3.40 母线电缆接头盒、分线箱安装

第4章 照明系统安装

4.1 照明灯具安装

第62讲 灯具与吊扇检查

(1)灯具检查。

①根据灯具的安装场所检查灯具是否符合要求。

a.在易燃及易爆场所应采用防爆式灯具。

b.有腐蚀性气体及特殊潮湿的场所应采用封闭式灯具,并且灯具的各部件应做好防腐处理。

c.潮湿的厂房内及户外应采用有汇水孔的封闭式灯具。

d.多尘的场所应根据粉尘的浓度及性质,采用封闭式或者密闭式灯具。

e.灼热多尘场所(如出钢、出铁以及轧钢等场所)应采用投光灯。

f.可能受机械损伤的厂房内,应采用有保护网的灯具。

g.振动场所(如有锻锤、空压机以及桥式起重机等),灯具应有防振措施(如采用吊链软性连接)。

h.除开敞式外,其他各类灯具的灯泡容量在100 W及以上者都应采用瓷灯口。

②灯内配线检查。

a.灯内配线应符合设计要求和有关规定。

b.穿入灯箱的导线在分支连接处不得承受额外应力和磨损,多股软线的端头需盘圈及涮锡。

c.使用螺口灯时,相线必须压在灯芯柱上。

d.灯箱内的导线不应过于靠近热光源,并应采取隔热措施。

e.日光灯接线如图4.1所示。

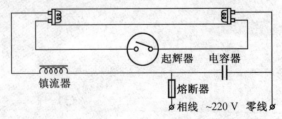

图4.1 日光灯接线图

③特殊灯具检查。

a.应急灯必须灵敏可靠。

b.各种标志灯的指示方向正确无误。

c.事故照明灯具应有特殊标志。

d.供局部照明的变压器必须是双圈的,初次级都应装有熔断器。

e.携带式局部照明灯具用的导线,宜采用橡套导线,接地或者接零线应在同一护套内。

(2)吊扇检查。

①吊扇的各种零配件齐全与否。

②扇叶是否有变形和受损现象。

③吊杆上的悬挂销钉必须装设防振橡皮垫和防松装置。

第63讲 灯具与吊扇组装

(1)灯具组装。

①组合式吸顶花灯的组装。

a.首先把灯具的托板放平,如果托板为多块拼装而成,就要将所有的边框对齐,并用螺栓固定,将其连成一体,然后按照说明书和示意图装好各个灯口。

b.确定出线和走线的位置,把端子板(瓷接头)用机螺栓固定在托板上。

c.依据已固定好的端子板(瓷接头)至各灯口的导线削出芯线,留够余量后,进行涮锡。然后压入各个灯口,理顺各灯头的相线和零线,用线卡子分别固定,并且按照供电要求分别压入端子板。

②吊顶花灯组装。首先把导线从各个灯口穿到灯具本身的接线盒里。留够余量、涮锡后压入各个灯口。理顺各个灯头的相线和零线,另一端涮锡后依据相序分别连接,包扎并甩出电源引入线,最后将电源引入线由吊杆中穿出。

(2)吊扇的组装要求。

①禁止改变扇叶角度。

②扇叶的固定螺钉应设有防松装置。

③吊杆之间、吊杆和电机之间螺纹连接的啮合长度不得小于 20 mm,并且有防松装置。

第64讲 普通灯具安装

(1)吸顶或白炽灯安装。

①塑料绝缘台的安装。将接灯线由塑料绝缘台的出线孔中穿出,将塑料绝缘台紧贴住建筑物表面,塑料绝缘台的安装孔对准灯头盒螺孔,利用机螺丝(或木螺丝)将塑料绝缘台固定牢固。绝缘台直径超过 75 m 时,应使用 2 个以上胀管固定。

②把由塑料绝缘台甩出的导线留出适当维修长度,削出芯线,然后推入灯头盒内,芯线应高出塑料绝缘台的台面。用软线在接灯芯上缠 5~7 圈之后,将灯芯折回压紧。用粘塑料带和黑胶布分层包扎紧密。把包扎好的接头调顺,扣于法兰盘内,法兰盘(吊盒、平灯口)应与塑料绝缘台的中心找正,用长度小于 20 mm 的木螺丝固定,如图 4.2 所示。

(2)自在器吊灯安装。

①首先根据灯具的安装高度及数量,将吊线全部预先掐好,应保证在吊线全部放下后,其灯泡底部距地面高度为 800~1 100 mm。削出芯线,然后盘圈、涮锡以及砸扁。

②根据已掐好的吊线长度断取软塑料管,并将塑料管的两端管头剪成两半,其长度为 20 mm,然后把吊线穿入塑料管。

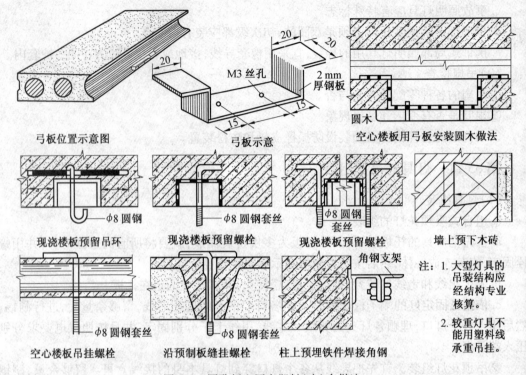

弓板位置示意图　　　　弓板示意　　　　空心楼板用弓板安装圆木做法

现浇楼板预留吊环　　现浇楼板预留螺栓　　现浇楼板预留螺栓　　墙上预下木砖

空心楼板吊挂螺栓　　沿预制板缝挂螺栓　　柱上预埋铁件焊接角钢

注：1.大型灯具的吊装结构应经结构专业核算。
　　2.较重灯具不能用塑料线承重吊挂。

图4.2　圆孔板上固定塑料(木)台做法

③把自在器穿套在塑料管上,把吊盒盖和灯口盖分别套入吊线两端,挽好保险扣,再将剪成两半的软塑料管端头紧密搭接,加热,粘合,然后将灯线压在吊盒和灯口螺柱上。若为螺灯口,找出相线,并且将标记做好,最后按塑料(木)台安装接头方法将吊线安装好。

第65讲　日光灯具安装

日光灯分直管型灯管、螺旋形灯管、U型灯管、环型灯管。灯具部分,分单管日光灯管支架、双管日光灯管支架、光带支架、黑板灯支架以及附件等,环型灯管配置灯罩、底盘及附件等。灯具安装方式有吊杆式、吸顶式、嵌入式以及壁灯等形式,其他附件有格栅灯盘、太空灯盘、机片灯盘、洁净灯盘、节能灯盘等。日光灯适合于洁净、干燥的室内安装使用。

(1)日光灯施工安装条件。

①室内照明配电箱、灯头盒、接线盒以及开关盒已全部按施工图要求和规定安装到位,各盒与管路全部连接通畅。

②检查管路是否畅通无阻,确认管路确实已经接通,然后再进行下一道工序。

③进行穿线及接线,灯头盒处甩出10~15 cm导线,预留给灯接线用。

(2)吊杆日光灯具安装。灯具吊杆固定之前,首先对灯位放线横平竖直,使灯位分布匀称。对日光灯支架进行组装,把灯脚及启辉器等处接线,甩出吊杆及灯头盒接线的长度即可,在吊杆固定前需把导线穿在管内,然后把吊杆内导线与灯头盒内的导线进行连接后立即将吊杆固定牢固。

日光灯支架和吊杆固定牢固,日光灯管固定在管脚处即可。

当照明系统线路全部安装完毕之后,需要对照明系统的干线和支线,进行线间、相线对也绝缘摇测,使用 500 V 兆欧表即可,其绝缘电阻应大于 0.5 MΩ。

(3)吸顶日光灯具安装。在底盘固定之前,首先对灯位放线横平竖直,使灯位分布匀称,底盘进行组装,把灯脚及启辉器等处接线,甩出底盘与灯头盒接线的长度即可。底盘接线与灯头盒接线接好后,将底盘吸顶固定于灯头盒处。采用胀塞膨胀螺栓进行底盘固定,上好环形灯管,盖好灯罩,将开关与灯头盒内的线连通。吸顶灯底盘应与顶板紧贴,四周无缝隙。

(4)壁装日光灯。在墙壁上放线找准接线盒的位置,在同一室内要求标高一致。

用日光灯支架将接线盒内线接好再盖严实,找平直后就直接固定于墙壁上即可。

绝缘电阻摇测方法和通电试验方法,与吊杆日光灯相同。

(5)嵌入式日光灯。嵌入式日光灯通常安装在吊顶内,如嵌入式日光灯光带,应敷设在吊顶内的轻钢龙骨上。依据灯具的外形尺寸确定其支架的支撑点,再根据灯具的具体质量经过认真核算,选用支架型材并制作好支架后,根据灯具的安装位置,用预埋件或者用胀管螺栓把支架固定牢固。轻型光带的支架可直接固定在主龙骨上,而大型光带必须先下预埋件,将光带的支架用螺丝固定在预埋件上,将支架固定好,再将光带的灯箱用机螺丝固定在支架上,再把电源线引入灯箱与灯具线连接并包扎紧密。调整各个灯口及灯脚,装上灯泡或灯管,上好灯罩,最后调整灯具的边框应与顶棚面的装修直线平行。灯具对称安装,其纵向中心轴线应在同一直线上,偏斜不应大于 5 mm。

嵌入式日光灯安装应首先找出照明配电箱的位置,按设计施工图放线,找准灯位和各个灯开关位置,可将确定的灯位置,放线在顶板上或放线在地面上,此时需要与土建和各个机电专业施工管道人员密切配合,尤其是通风空调管道与消防管道相碰,协商一致配合好标高、坐标位置,调整好各自的位置。当吊顶装饰盖板未封顶前,应提前把接线盒或管线引至灯位附近,以便与底盘进行连接线。

嵌入式灯具吊顶开孔时,需要及时和精装修负责吊顶施工的施工员沟通开孔情况,最好在灯具到达现场时,拿一个实物按照其实际尺寸进行开孔,以防实物到达现场后其尺寸与提前开孔的尺寸出现误差,开小了好解决,开大了就只能浪费掉吊顶的盖板,这样施工是不经济的。

(6)筒灯嵌入式日光灯。筒灯一般安装位置立体空间比较小,原因是通风空调管道、消防管道、其他各专业的管道把空间全部占满,筒灯只好进行压缩组装,日光灯管由竖立直插管改为横插管。筒灯在接通开关、灯头盒内的接线之后,即可在轻钢龙骨内进行卡接固定筒灯。

安装灯管前先关闭电源,在安装时不要握住玻璃部分,应握住灯头塑料部分,并保持手干燥,应注意节能灯长度与筒灯灯杯长度匹配与否,以免节能灯管外露于灯杯外,影响效果。

第 66 讲　壁灯的安装

先根据灯具的外形选择合适的木台(板)或灯具底托将灯具摆放在上面,四周留出的余量要对称,然后用电钻在木板上开好出线孔和安装孔,在灯具的底板上也将安装孔开好,将灯具的灯头线从木台(板)的出线孔中甩出,在墙壁上的灯头盒内接头,并包扎严密,把接头塞入盒内。把木台或者木板对正灯头盒,贴紧墙面,可把木台用机螺钉直接固定在盒子耳朵上,如为木板就应该用胀管固定。调整木台(板)或灯具底托使其平正不歪斜,再用机螺钉把灯具拧在木台(板)或者灯具底托上,最好配好灯泡、灯伞或者灯罩。安装在室外的壁灯,其台板或者灯具底托与墙面之间应加防水胶垫,并应打好泄水孔。

注:新型壁灯是不需要木台的,在墙壁上用胀管或者膨胀螺栓固定就可以,或直接固定在盒子的固定孔上。

第67讲 消防标志灯安装

疏散照明由安全出口标志灯和疏散标志灯组成。安全出口灯(EXIT)属于无走向的标志灯。安全出口标志灯距地高度不低于2 m,且安装在疏散出口和楼梯口里侧的上方。

疏散标志灯安装在安全出口的顶部,楼梯间、疏散走道及其转角处应安装在1 m以下的墙面上。不易安装的部位可安装在上部。疏散通道上的标志灯间距不大于20 m(人防工程不大于10 m)。安全出口标志灯和疏散标志灯装有玻璃或非燃材料的保护罩,面板亮度均匀度为1:10,保护罩应完整,无裂纹。

第68讲 消防应急灯安装

应急照明灯的电源除正常电源外,另有一路电源供电;或者是独立于正常电源的柴油发电机组供电;或由蓄电池柜供电或选用自带电源型应急灯具。当正常电源断电后,电源转换时间为:疏散照明不大于15 s;备用照明不大于15 s(金融商店交易所不大于1.5 s);安全照明不大于0.5 s。应急照明线路在每个防火分区有独立的应急照明回路,穿越不同防火分区的线路有防火隔堵措施。

疏散照明由安全出口标志灯和疏散标志灯组成。安全出口标志灯距地高度不低于2 m且安装在疏散出口和楼梯口里侧的上方。

疏散标志灯安装在安全出口的顶部,楼梯间、疏散走道及其转角处应安装在1m以下的墙面上。不易安装的部位可安装在上部。疏散通道上的标志灯间距不大于20 m(人防工程不大于10 m)。并注意疏散标志灯的设置,不影响正常通行,且在其周围设置容易混同疏散标志灯的其他标志牌等。

应急照明灯具、运行中温度大于60 ℃的灯具,当靠近可燃物时,采取隔热、散热等防火措施。当采用白炽灯、卤钨灯等光源时,不直接安装在可燃装修材料或可燃物件上。

疏散照明线路采用耐火电线、电缆,穿管明敷或在非燃烧体内穿刚性导管暗敷,暗敷保护层厚度不小于30 mm。电线采用额定电压不低于750 V的铜芯绝缘电线。

疏散照明采用荧光灯或白炽灯,安全照明采用卤钨灯,或采用瞬时可靠点燃的荧光灯。

第69讲 景观照明安装

(1)航空障碍标志灯安装。航空障碍标志灯装设在建筑物或构筑物的最高部位。当最高部位平面面积较大或为建筑群时,除在最高端装设外,还在其外侧转角的顶端分别装设灯具。当灯具在烟囱顶上装设时,安装在低于烟囱口1.5~3 m的部位且呈正三角形水平排列。灯具的选型根据安装高度决定。低光强的(距地面60 m以下装设时采用)为红色光,其有效光强大于1 600 cd。高光强的(距地面150 m以上装设时采用)为白色光,有效光强随背景亮度而定。

同一建筑物或建筑群灯具间的水平、垂直距离不大于 45 m;灯具的自动通、断电源控制装置动作准确。

(2)庭院灯安装。立柱式路灯、落地式路灯、特种园艺灯等灯具与基础固定可靠,地脚螺栓备帽齐全。灯具的接线盒或熔断器盒,盒盖的防水密封垫完整。金属立柱及灯具可接近裸露导体接地(PE)或接零(PEN)可靠。接地线单设干线,干线沿庭院灯布置位置形成环网状,且不少于 2 处与接地装置引出线连接。由干线引出支线与金属灯柱及灯具的接地端子连接,且有标识。每套灯具的导电部分对地绝缘电阻值大于 2 MΩ。

灯具的自动通、断电源控制装置动作准确,每套灯具熔断器盒内熔丝齐全,规格与灯具适配;架空线路电杆上的路灯,固定可靠,紧固件齐全、拧紧,灯位正确;每套灯具配有熔断器保护。

(3)霓虹灯安装。霓虹灯管完好,无破裂;灯管采用专用的绝缘支架固定,且牢固可靠。灯管固定后,与建筑物、构筑物表面的距离不小于 20 mm;霓虹灯专用变压器采用双圈式,所供灯管长度不大于允许负载长度,露天安装的有防雨措施;霓虹灯专用变压器的二次电线和灯管间的连接线采用额定电压大于 15 kV 的高压绝缘电线。二次电线与建筑物、构筑物表面的距离不小于 20 mm。

霓虹灯变压器明装时,高度不小于 3 m,低于 3 m 应采取防护措施,其安装位置应方便检修,且隐蔽在不易被非检修人触及的场所,不装在吊平顶内。

当橱窗内装有霓虹灯时,橱窗门与霓虹灯变压器一次侧开关有连锁装置,确保开门不接通霓虹灯变压器的电源。霓虹灯变压器二次侧的电线,采用玻璃制品绝缘支撑物固定,支撑点距离不大于下列数值:

水平线段:0.5 m;

垂直线段:0.75 m。

第70讲　花灯安装

大型花灯的灯罩应安装牢固可靠,并且有防灯罩外坠落的措施。

如安装在重要场所的大型灯具的玻璃罩,应有避免其碎裂后向下溅落的措施(除设计要求外),通常可用透明尼龙丝编织的保护网,网孔的规格应根据实际情况决定。

大型花灯金属架漏接 PE 保护线,因为灯头多温度高,用电时间长导线绝缘易老化漏电,使大型花灯金属架外壳带电,开关或熔断器不动作,造成大型花灯金属架长期带电。所以,在安装花灯时,应将 PE 保护地线接牢固并确保其截面符合现行国家规范的规定。由于大型花灯金属架载荷重,因此,在吊挂前需要进行大型花灯金属架载荷计算,使用的固定吊钩,应能够承受大型花灯金属架载荷能力,在吊钩安装固定时,需要做好隐检记录,检查其焊接部位是否满足规范的规定,是否按照要求做好焊接部位的防腐工作。这样可防止大型花灯金属架根部腐蚀,从而避免大型花灯金属架坠落砸伤人或者物品。

组合式吸顶花灯根据预埋的螺栓与灯头盒的位置,在灯具的托板上用电钻开好安装孔和出线孔,安装时将托板托起,再把电源线和从灯具甩出的导线连接并包扎严密。应尽可能地将导线塞入灯头盒内,然后将托板的安装孔对准预埋螺栓,使四周和顶棚贴紧,用螺母将其拧紧,将各个灯口调整好,悬挂好灯具的各种装饰物,并上好灯管和灯罩。

第71讲　光带安装

根据灯具的外形尺寸确定其支架的支撑点,再依据灯具的具体质量经过认真核算,选用支架的型材制作支架,做好后,按照灯具的安装位置,用预埋件或用胀管螺栓把支架固定牢固。轻型光带的支架可以直接固定在主龙骨上;大型光带必须先下好预埋件,把光带的支架用螺钉固定在预埋件上,固定好支架,把光带的灯箱用机螺钉固定在支架上,再把电源线引入灯箱和灯具的导线连接并包扎紧密。调整各个灯口和灯脚,装上灯泡和灯管,上好灯罩,最后调整灯具的边框应同顶棚面的装修直线平行。若灯具对称安装,其纵向中心轴线应在同一直线上,偏斜不应大于5 mm。

第72讲　吊扇安装

将吊扇托起,并把预埋的吊钩将吊扇的耳环挂牢。然后将电源接头接好,注意多股软铜导线盘圈涮锡后包扎严密,向上推起吊杆上的扣碗,把接头扣于其内,紧贴建筑物表面,拧紧固定螺钉,如图4.3所示。

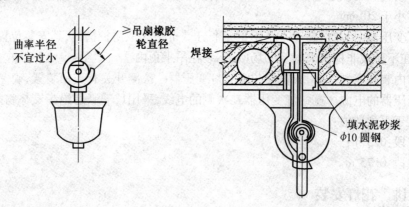

图4.3　吊扇安装

第73讲　其他特殊灯具的安装

(1)行灯安装。

①电压不得超过36 V。

②灯体及手柄应绝缘良好,坚固耐热,耐潮湿。

③灯头与灯体结合紧固,灯头应无开关。

④灯泡外部应有金属保护网。

⑤金属网、反光罩及悬吊挂钩,均应固定在灯具的绝缘部分上。

在特别潮湿场所或导电良好的地面上,或工作地点狭窄、行动不便的场所(如在锅炉内、金属容器内工作),行灯电压不得超过12 V。

(2)携带式局部照明灯具所用的导线宜采用橡套软线,接地或接零线应在同一护套线内。

(3)手术台无影灯安装。

①固定螺钉(栓)的数量,不得少于灯具法兰盘上的固定孔数,且螺栓直径应与孔径相适

配套。

②在混凝土结构上,预埋螺栓应与主筋相焊接,或将挂钩末端弯曲与主筋绑扎锚固。固定无影灯底座时,均须采用双螺母。

(4)安装在重要场所的大型灯具的玻璃罩,应有防止其碎裂后向下溅落的措施(除设计要求外),一般可用透明尼龙丝编织的保护网,网孔的规格应根据实际情况决定。

(5)金属卤化物灯(钠灯、镝灯等)安装。

①灯具安装高度宜在 5 m 以上,电源线应经接线柱连接,并且不得使电源线靠近灯具的表面。

②灯管必须与触发器和限流器配套使用。

(6)投光灯的底座应固定牢固,按照需要的方向将驱轴拧紧固定。

(7)事故照明的线路和白炽灯泡容量在 100 W 以上的密封安装时,都应使用 BV-105 型的耐高温线。

(8)36 V 及其以上照明变压器安装。

①变压器应采用双圈的,不允许采用自耦变压器。初级和次级应分别在两盒内接线。

②电源侧应有短路保护,其额定电流不应超过变压器的额定电流。

③外壳、铁芯以及低压侧的一端或中心点均应接保护地线。

(9)手术室工作照明回路要求。

①照明配电箱内应装有专用的总开关和分路开关。

②室内灯具应分别接在两条专用的回路上。

(10)公共场所的安全灯应装有双灯。

(11)固定在移动结构(如活动托架等)上的局部照明灯具的敷线要求。

①导线的最小截面应符合规定要求。

②导线应敷于托架的内部。

③导线不应在托架的活动连接处受到拉力和磨损,应加套塑料套加以保护。

4.2　照明配电箱安装与配线

第 74 讲　照明配电箱安装使用

(1)住宅小区的配电箱安装。住宅小区分独立单元门的楼层,有的总配电箱设置于首层楼梯一进门的位置,有暗装和明装之分,通常采用暗装为主;有的总配电箱设置在单元门内的竖井内,电气竖井设置门可上锁利于物业管理。其分户电表设置在各楼层上楼梯左侧墙上,入户设置室内用户暗装配电箱。

(2)写字楼内的敞开式办公室配电箱安装。敞开式办公室面积通常在 100～200 m²,用电设备大多都是微机、空调、照明等,所以办公室内设置用户配电箱,总配电箱设置在楼层的电气竖井内。

第 75 讲　电表远程及红外抄表系统

远程预付费控制电能表的功能,由单一的功能逐渐转为将电表、燃气表、自来水表以及热能表等集中组合,进入数字自动化管理模式,从而可减轻劳动者的工作负荷和压力。这里只对电表远程及红外抄表系统做简单介绍。

(1)四表远程抄表系统组成。四表远程抄表系统主要由远传表、采集器、通信机、集中器、UPS电源、管理中心计算机以及系统软件等部分组成。

(2)四表远程抄表系统采集传输程序。数据采集器采集各远传表的信号并将其转换成相应的能耗数,数据集中器通过RS485总线采集各数据采集器内数据并把采集到的数据上传给管理中心计算机。管理中心计算机进行计算、查询、统计以及打印,从而实现对整个小区能源消耗的现代化物业管理。本系统主要采用RS485总线方式进行通信,数据集中器与数据采集器之间通信距离小于1 200 m(加中继器还可延长)。

(3)四表远程抄表系统特点。该系统结构简单、配置灵活以及可靠性高,其简洁的树状结构,保证了数据传输的可靠性。采集器的数据储存功能和掉电保护功能,确保掉电情况下仍能正确计量。采集器的信号接口可以接不同的计量表,并且允许有不同的参数配置,这为工程的安装和应用带来很大的灵活性。

(4)四表远程抄表系统设备功能。

①远传表。住宅中使用的具有信号及数据远传功能的计量表为远传表,其计量方式与传统表一样,不同的是在原基表上增加了脉冲输出功能,每个脉冲代表一定的计量值。采集器借助远传表脉冲输出端口采集脉冲。远传表包括电能表、水表、燃气表以及暖气表。

②采集器。采集器主要功能是采集远传表的信号。每个采集器能采集水表、燃气表、电表以及暖气表等输出的脉冲信号;分为16路和24路两种类型;准确、可靠,配有自动切换的后备电池,及储存功能,确保断电后48 h正确计量。其技术指标为:容量16或24个脉冲基表,工作温度为-25~+50 ℃,相对湿度不大于95%,电源为AC220 V 50 Hz,功耗不大于5 W。

③集中器。集中器的主要功能为定时采集下辖采集器的能耗数据。监测采集器的工作状态,能够支撑96台采集器,工作温度为-25~+50 ℃,相对湿度不大于95%,电源为AC220 V 50 Hz,功耗不大于1 W。

④通信机。通信机的主要功能是借助RS485总线方式和公共电话网,将多台电能表与异地计算机连接起来,实现电能数据网络传输。

⑤中心管理计算机。对集中器或者采集器上传数据进行集中管理。

⑥通信线。通信线分为两部分,连接采集器、集中器到通信机之间的线采用专用网线,而连接远传表和采集器采用RVV3×0.12信号线。

⑦管理软件。管理软件主要实现各设备之间的数据通信,并对整个系统的运行状况进行监视、管理、储存以及记录等功能。

第76讲　配电箱安装

(1)施工图审核。配电箱(盘)施工图,应审核有效与否。确认施工图设计单位应具有当地法定权威审批单位的设计资质证明,设计单位的设计能力及设计等级应满足国家建筑设计企业要求的规定。所使用的施工图上必须盖以施工图字样,并且注明施工图设计日期、允许使用的签发日期,才允许施工图现场使用。施工图的审核应当重点审核配电箱(盘)内,二次配线的配制情况,检查动力和照明系统控制回路导线截面、刀闸以及自动开关脱扣器额定电流、极限分断电流等技术参数是否符合要求规定;住宅工程总配电箱(盘),低压配电系统应采用哪一种方式,不应将中性线和保护地线的接线方式搞错。

住宅工程居室内还应注意户表箱(盘)是明装还是暗装,装在门后的应改在不妨碍门开启的位置装箱(盘)。

(2)作业条件。在配合土建预留箱、盒孔洞或预埋铁件与螺栓时,墙体结构应弹出施工水平线。暗装配电箱其预留孔洞应注意:孔洞超过配电箱周边尺寸 5 ~ 10 cm 即可;明装配电箱可以采用其箱体后预留接线盒。安装配电箱盘间时,抹灰、喷浆以及油漆等施工应全部完活。

(3)配电箱安装要求。

①配电箱(盘)应安装在安全、干燥以及易操作的场所,其箱底口距地一般为 1.5 m,明装电度表盘底距地不得小于 1.8 m。在同一建筑物内,同类盘的高度应一致,允许偏差应满足规范规定。

②配电箱(盘)安装应牢固,其垂直度允许偏差是 1.5‰,暗装时配电箱四周墙体无空鼓,其面板四周边缘应紧贴墙面,箱体和建筑物构筑物接触部分应涂防腐漆。

③配电箱(盘)上配线应排列整齐,回路编号齐全、标识正确,并且绑扎成束,器具及端子固定牢固,盘面引起及引出的导线应预留适当余量,方便检修。

④配电箱(盘)应分别设置中性线 N 线汇流排及保护地线 PE 线汇流排配出;在中性线 N 线和保护地线 PE 汇流排上,连接的各支路导线不允许铰接并且应设置回路编号。

⑤照明、动力配电箱(盘)上,应在标示框内,将用电回路名称标明,在箱门上贴上本箱配电一次系统图,图中各支路标注名称清楚。

⑥配电箱(盘)应具有良好的阻燃性能,进线、出线孔应加装绝缘套管,一孔只穿一线,但以下情况除外:

a. 指示灯配线。

b. 控制两个分闸的总闸配线线号相同。

c. 一孔进多线的配线。

⑦配电箱(盘)上的母线排应涂标志,其 L_1 相是黄色,L_2 相是绿色,L_3 相为红色,中性线 N 为淡蓝色,保护地线 PE 线为黄绿相间双色线。对于裸露的母线排,为避免操作时触电,可用带颜色的绝缘带进行包缠。

⑧配电箱(盘)面板较大时,应有加强衬铁,当宽度大于 500 mm 时,箱门应做双开门。

(4)暗装配电箱的固定。依据在混凝土墙或在砖墙上,随结构施工所预留的配电箱(盘)孔洞几何尺寸,对实际配电箱(盘)尺寸进行核实,标出坐标及标高。对孔洞按照配电箱(盘)几何尺寸进行调整,用拉筋将箱体固定牢固。然后用水泥砂浆把箱体周边填实抹平,当水泥砂浆凝固之后,再安装二层盘面和贴脸。

安装箱体的应考虑进线管与出线管,应一管一孔,排列整齐,并应在二层板后面排列。当配电箱厚度和墙体厚度相差无几时,应在箱底部外墙面上固定金属网之后,再做墙面抹灰,不允许在箱底板上抹灰。盘面安装应平整,周边间隙均匀对称,贴脸安装要平整,不歪斜,螺丝垂直受力均匀,同时应使贴脸与墙面间隙匀称。

(5)明装配电箱的固定。明装配电箱的固定方法有预埋件固定方式、穿墙螺栓固定方式以及金属膨胀螺栓固定方式三种形式。

①预埋件固定配电箱方式。随土建混凝土结构或砌筑结构,进行预埋铁件,完成结构施工后,将预埋铁件位置找出,确定箱体几何尺寸,在预埋铁件上焊接固定箱体螺栓,然后按规范规定固定好配电箱(盘)。通过角钢固定配电箱(盘),先把角钢调直,量好支架尺寸,并将埋注端做成燕尾,然后除锈,做防腐处理,再用水泥砂浆将铁支架燕尾端埋注牢固,埋入时要注意支架水平垂直平整。待水泥砂浆凝固之后方可进行配电箱(盘)的安装。

②穿墙螺栓固定配电箱方式。采用穿墙螺栓固定配电箱(盘),通常适用在空心砖墙上,当配电箱(盘)自重过重时,也可以在实心砖墙采用。

③金属膨胀螺栓固定配电箱方式。在混凝土墙或砖墙上,可以采用金属膨胀螺栓固定配电箱(盘)。其方法是依据配电箱(盘)几何尺寸,确定轴线坐标和标高,进行定位钻孔,其孔径应刚好把金属膨胀螺栓的胀管部分埋入墙内,并且孔洞应平直不得歪斜。再把配电箱(盘)固定在金属膨胀螺栓上,并将箱体找平正,然后固定牢固金属膨胀螺栓。

第 77 讲　配电箱配线

(1)暗配电箱配线。暗配电箱(盘)进户线,从箱体或者盘上方进线管穿入箱内或盘上方,理顺后可将进户线连接在总开关的上口处,然后分别根据动力、照明系统图要求,按支路送至各个分开关。在住宅楼内一般总配电箱设置在进户电源一端,然后从总开关向各单元门送一支路至分开关,再由单元门的分开关箱送至各个居室户表箱(盘)处。

户表箱(盘)通常安装在单元门开启方向侧,安装高度不应低于 1.8 m,距门 150 ~ 300 mm为宜,不宜将户表箱(盘)安装在门后。配线应正确,相线、中性线不得将保护地线接错。熔断器内熔体选择应符合设计要求,通常不得大于本支路计算电流的 1.5 倍。

(2)明装配电箱配线。明装配电箱配线有两种方式,一种为板前配线方式,另一种为板后配线方式,具体要求应根据设计规定执行。明装配电箱(盘)底部与暗敷接线盒相连通,接线盒应与箱体之间的电线管路连接到位,地线焊接牢固,护口齐全,并且做好焊接后的防腐。

(3)配电箱配线步骤。

①配电箱(盘)刀闸开关垂直安装时,上端接电源,下端接负荷。先压接各支路电源线,再压接进户电源线。

②导线压接前,应选择好导线的规格、型号、截面以及线色,导线排列整齐、回路编号齐全、标识正确以及绑扎成束,压头牢靠,导线留有维修时拆装盘面适当余量。

③当设计没有要求时,配电箱内保护导体的截面积 S_p 不应小于表 4.1 的规定。

表 4.1　保护导体的截面积

相线的截面积 S/mm^2	相应保护导体的最小截面积 S_p/mm^2
$S \leqslant 16$	S
$16 \leqslant S \leqslant 35$	16
$35 < S < 400$	$S/2$
$400 < S \leqslant 800$	200
$S > 800$	$S/4$

注:S 指柜(屏、台、箱、盘)电源进线相线截面积,且两者(S、S_p)材料相同

④配线方式有两种,即板前配线与板后配线。板前配线指导线应自上而下,绑具连接部

位接线端头压牢,独股线打回头压接,多股软铜线盘圈涮锡压接,或者采用接线端子冷压。采用板后配线,应注意穿线孔必须加装绝缘护套管。

⑤电度表、漏电开关安装时,应注意相序,中性线 N、PE 保护地线,在配线时不允许接错。

⑥配线完毕之后进行绝缘摇测(先干线后支线)检查导线和导线之间,导线和地之间的绝缘电阻值应满足设计和国家规范规定。

4.3　照明开关、插座及室内电话安装

第78讲　室内电话及盒、箱安装

(1)施工图审核。审核室内电话导管及盒、箱安装工程施工图,应当具有法人资质证明单位的设计,并盖以施工图字样,注明施工图设计日期、允许使用的签发日期,才可允许在施工现场使用。施工图应在设计说明一栏中,说明导管、电话插座、组线箱以及敷设的场所与具体位置。

(2)作业条件。

①电话系统的导管、进户末端盒以及组线箱均敷设完毕。

②组线箱箱口及插座盒口收口平整。

③配合土建装饰工程协调施工,同时进行组线箱、末端插座盒穿线以及接线等安装调试工作。

(3)组线箱、插座安装。组线箱、插座安装位置应准确,并且固定牢固可靠,明装插座距地高度应为 1.8 m,暗装电话插座距地应为 0.3 m,当插座上方位置有暖气管道时,其间距应大于 200 mm,当下方有暖气管道时,其间距应大于 300 mm。

(4)清理箱。在导线穿入箱(盒)之间,应把箱(盒)内的各种杂物清除干净,同时要求土建将箱口收口平整。

(5)核对导线编号。将穿入组线箱的导线进行编号,标识应清楚。按照施工图组线箱内接线端子板上编号进行复核,复核时应用对讲机对各终端接线,核对无误后,做好记录。

(6)电话插座、组线箱接线。把预留在电话插座盒内的电话线,引到面板接线端上进行固定,然后将面板找平整,固定在电话插座盒上紧贴墙面。核对电话插座导线编号同组线箱内导线编号一致时,按照顺序号将导线压接在接线端子板上,并应固定牢固同时将记录做好。电话插座、组线箱安装完毕之后,交付使用单位前,应由当地电信管理部门检查认可后方准使用。

(7)成品保护。安装插座面板时,应注意保持墙面、地面,不得污染或者损伤破坏墙面及地面等室内装饰。电话插座、组线箱安装完毕之后,如土建还需要进行喷浆、油漆等工作时,应做好组线箱贴脸及插座盒面板的成品保护的工作,使其不受浆活的二次污染。

第79讲　开关插座安装

(1)作业条件。

①各种管路、开关盒以及插座盒已经全部敷设完毕,盒子收口平整。

②线路导线已全部穿完,并已经做完绝缘摇测,经绝缘摇测数值满足规范规定。

③墙面的浆活及油漆等内装修大部分工作已完成。

(2)插座接线。单相两孔插座有横装与竖装两种。如图4.4、图4.5所示,横装时,面对插座的右极接相线,左极接中性线;竖装时,面对插座的上极接相线,下极接中性线。

图4.4　插座横装示意图　　　　　图4.5　插座竖装示意图

单相三孔和三相四孔插座接线示意,如图4.6、图4.7所示,PE保护接地线注意应接在上方。

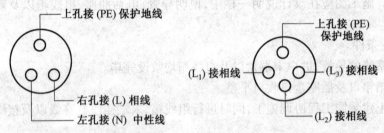

图4.6　单相三孔插座示意图　　　图4.7　三相四孔插座示意图

当交流、直流或不同电压等级的插座安装在同一场所时,应有明显的区别。且必须选择不同结构、不同规格和不能互换的插座,配套的插头应按交流、直流或不同电压等级区别使用。当插座箱多个插座导线连接时,不允许插头连接,应采用LC型压接帽压接牢固总头之后,再进行分支连接。

(3)开关接线。

①一个开关可以控制一盏灯或者多盏灯,但是灯的数量和总容量不得大于开关的额定容量,注意开关的断开点应接在相线上,如图4.8所示。

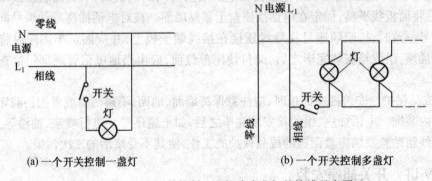

(a)一个开关控制一盏灯　　　　　(b)一个开关控制多盏灯

图4.8　一个开关控制一盏灯或多盏灯的接线示意图

②两只或多只单联开关控制两只或者多只灯的接线如图4.9所示。

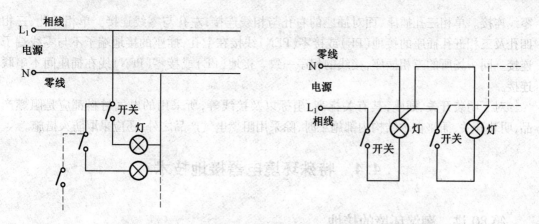

图 4.9　两只或多只单联开关控制两只或多只灯的接线示意图

③用两只开关,在两个地方控制一只灯,可以用于楼梯上下或走廊两端。如图 4.10
所示。

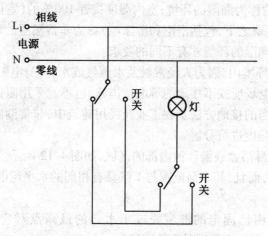

图 4.10　用于楼梯上下或走廊两端控制线路示意图

④用两只双联开关与一只三联开关,在三个地方控制一盏灯,可以用于楼梯、走廊及特
殊需求的地方,如图 4.11 所示。

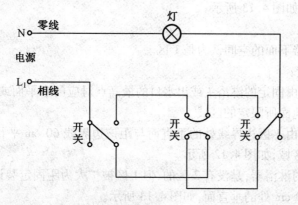

图 4.11　三个开关在三个地方控制一盏灯接线示意图

(4)开关插座安装。单相两孔插座,面对插座的右孔或上孔与相线连接,左孔或下孔与

零线连接。单相三孔插座,面对插座的右孔与相线连接,左孔与零线连接。单相三孔、三相四孔及三相五孔插座的接地(PE)或接零(PEN)线接在上孔,插座的接地端子不与零线端子连接。同一场所的三相插座,接线的相序一致。接地(PE)或接零(PEN)线在插座间不串联连接。

对于明装开关、插座,其有关标高、坐标以及接线等,所采用的电气材料都应是阻燃产品,明装开关、插座在木结构内部施工时,除采用阻燃电气产品之外,还应采取防火措施。

4.4 特殊环境电器接地技术

第80讲 潮湿环境的接地

(1)潮湿环境的定义:室内相对湿度未超过60%的为干燥环境。室内仅有短时间、少量排出蒸汽或冷凝水情况,空气相对湿度大于60%,但未超过75%的,称为湿的环境;室内空气相对湿度超过75%的称为潮湿的环境;室内湿度接近100%的(室内的墙壁、天花板、地板及物件完全处于湿气笼罩之下,包括浴室和游泳池)称为非常潮湿的环境。从电气工程接地观点而言,仅对于非常潮湿的环境才有不同的要求。

(2)在非常潮湿的环境内,因为人经常触及水蒸气或水,人身电阻降低,受电击的危险性增加,不允许采用非导电场所或不接地的等电位措施,也不能采用阻挡物和置于伸臂范围以外的措施,必须使用适当的接地方法。在工业及民用建筑中,非常潮湿的环境通常为浴室及游泳池,现按电击危险程度进行分区。

0区的说明:浴池、淋浴盆或游泳池内部的区域,如图4.12所示。对于没有浴盆的淋浴,则0区的高度为10 cm,而且,其表面范围与1区具有相同的水平范围,如图4.13所示。

1区的范围界定:

①水平面的界定:由已固定的淋浴头或出水口的最高点对应的水平面或地面上方225 cm的水平面中较高者与地面所限定的区域。

②垂直面界定:围绕浴盆或淋浴盆的周围垂直面所限定的区域,如图4.12所示。

对于没有浴盆的淋浴器,是从距离固定在墙壁或天花板上的出水口中心点的120 cm垂直面所限定的区域,如图4.13所示。

1区不包括0区。

在浴盆或淋浴器下面的空间认为是1区。

2区的范围界定:

①水平面界定:由固定的淋浴头或出水口的最高点对应的水平面或地面上方225 cm的水平面中较高者与地面所限定的区域。

②垂直面界定:由1区边界线处的垂直面与距该边界线60 cm平行于该垂直面的界面两者之间所形成的区域,如图4.12所示。

对于没有浴盆的淋浴器,是没有2区的,但1区被扩大为距固定装设在墙上或天花板上的出水口中心点120 cm处的垂直面,如图4.13所示。

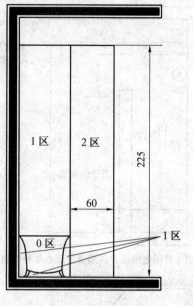

(a) 侧视图　浴盆

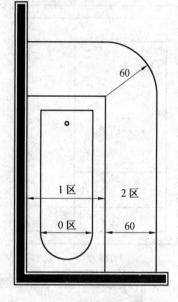

(b) 顶视图

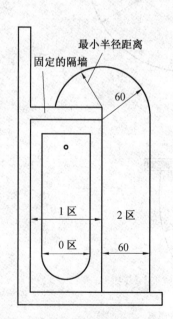

(c) 顶视图（有固定隔墙和围绕隔墙的最小半径距离）

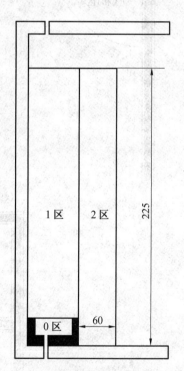

(d) 侧视图　淋浴盆

图 4.12　装有浴盆或淋浴场所中各区域范围

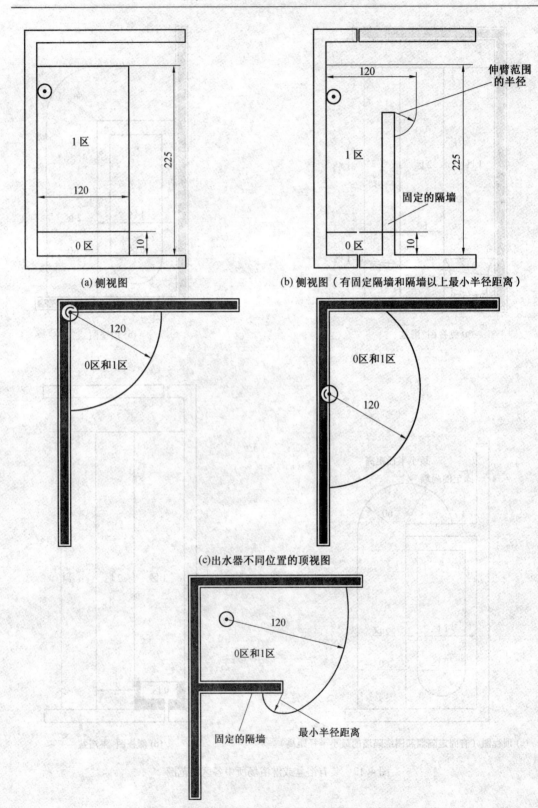

(a) 侧视图

(b) 侧视图（有固定隔墙和隔墙以上最小半径距离）

(c)出水器不同位置的顶视图

(d)有出水器的顶视图（有固定隔墙和围绕隔墙的最小半径距离）

图4.13　装有无淋浴盆或淋浴器的场所中0区和1区范围

第 81 讲　浴室的接地

（1）即使浴室或者淋浴室内无电气装置，浴池也要采用等电位连接。连接线的最小截面，铜线截面为 4 mm²，热镀锌钢带是 2.5 mm×3 mm。若浴室内没有 PE 线，不能自室外引入 PE 线与等电位连接线相连，防止引入危险电位。

（2）若采用 PE 线保护，PE 线接在等电位连接线上，有配电盘引出的 PE 线截面，则铜质最小为 4 mm²。

（3）在浴池或者淋浴室内，人能同时触及的电气设备外露导电部分之间、外露导电部分与外部导电部分之间以及外部导电部分之间均要进行等电位连接。

（4）电动剃刀只能用二次侧与地绝缘并且不与一次侧 PE 线连接的安全隔离变压器供电，该变压器的接地线同供电线路末端的 PE 线相连（图 4.14）。

（5）任何控制开关或调节开关，包括装设在即热热水器上的控制开关与具有电气加热元件的电气用具等应装设在人们正常使用浴池或者淋浴器时不能触及的地方，但是电动剃须刀的供电装置和用绝缘绳的拉线开关除外。

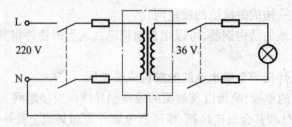

图 4.14　安全隔离变压器接线图

（6）在浴室或者淋浴室内只能用安全超低压保护，其元件标称电压不大于 12 V。其安全电源装置装设在浴室或者淋浴室外。

（7）插座只能装于浴池或淋浴器周围 3 m 外离地面 2.25 m 的水平面上，要由隔离变压器供电或由安全超低压供电，淋浴间的插座及开关，只能设于门外 0.6 m 以外的范围内。

（8）0 区、1 区不允许装设接线盒，并禁止装设开关及辅助设备。埋在地面内用于加热的加热元件可装设在所有区域内，但是必须用与等电位连接线相连的金属网栅或接地金属网罩罩住。

第 82 讲　游泳池的接地

（1）接地范围。

①水池构筑物的所有部件，包括水池外框、石砌挡墙和跳水台中的钢筋。

②所有金属外框和固定在水池构筑物上或在水池构筑物内的所有金属件。

③与水池循环泵系统有关的电气设备的金属部件，包括水泵电动机。

④距水池内侧 2 m 内的所有电气设备，以及未用永久性间壁将与其水池隔离的金属管道系统和金属件。

⑤水中壁龛水下照明灯具及干燥壁龛水下照明灯具。

⑥所有供电给与水池有关的电气设备的配电盘。

⑦对于有喷泉的游泳池或者喷泉水池中位于喷泉壁内侧 2 m 以内的所有电气设备以及

与喷泉循环系统有关的所有电气设备供电的配有电盘。

（2）接地要求。

①不允许采取阻挡物及置于伸臂范围以外的直接接触措施；也不允许采用非导电场以及不接地的等电位连接的间接接触保护方法，只能采用接地措施。

②水池内侧只允许使用安全超低压的用电设备（IEC 标准为 12 V，日本 JIS 规定为 2.5 V），其安全电源设备置于池外。1 区内用由安全超低压供电的电气设备，固定设备可用 Ⅱ 类电气设备。2 区内可用 Ⅱ 类电气设备也可用 Ⅰ 类电气设备，但必须由剩余动作电流不大于 30 mA 的 RCD 进行保护或由隔离变压器供电。

③电加热器允许用于 1、2 区内，但是要用金属网栅或金属罩罩住，金属网栅和金属罩要同等电位连接线相连。

④在 0 区及 1 区内不允许装设接线盒，禁止装设开关和辅助电气设备。

⑤在 2 区内可以装设插座，但必须由安全超低压或者隔离变压器供电，也可由剩余动作电流不超过 30 mA 的 RCD 保护。

（3）接地网的构成。

可用下列方式之一构成游泳池的接地网。

①对于混凝土水池的结构钢筋，可以用普通钢绑线或类似物件将其绑扎在一起，不要焊接或特殊铰链。

②螺栓连接的或焊接的金属水池的池壁构成接地网。

③不小于 4 mm^2 的单股、绝缘以及被覆的或裸铜导线构成接地网。

（4）水下照明灯具和其金属连接箱、变压器金属外壳和其他金属外壳的接地。用供电软线或电缆中的一根绝缘铜质线作为接地线，连接至水下照明灯具及其金属连接箱、变压器金属外壳及其他金属外壳的接地端子上。接地线截面不小于供电线截面，并且不小于 1.5 mm^2，该接地线不得有搭接或接头。可采用一根接地线连接几个水下照明工具及其附属设备的外露导电部分，也可接到上述接地网上。当需要挠性连接时，例如在伸缩缝处，应采用有适当强度和导电要求的金属挠性管。

第5章　建筑物防雷接地装置安装

5.1　建筑物防雷系统的安装

第83讲　避雷针的安装

避雷针分为两种:一种为独立避雷针;另一种为安装在高耸建筑物和构筑物上的避雷针。避雷针一般采用镀锌圆钢或焊接钢管制作,独立避雷针通常采用直径19 mm的镀锌圆钢;屋面上避雷针一般采用直径25 mm的镀锌钢管;水塔顶部避雷针采用直径25 mm的镀锌圆钢或者直径40 mm的镀锌钢管;烟囱顶部避雷针采用直径25 mm的镀锌圆钢或者直径40 mm的镀锌钢管。

(1)独立避雷针的安装。独立避雷针的制作安装步骤:制作、组对、补漆和检查、吊装、埋设接地体并测量接地电阻、接地干线(引线)的焊接等。

①制作。独立避雷针厂用镀锌圆钢、角钢以及钢板分段焊接而成,一般设计应给出结构图,也可参照图5.1制作。避雷针各段材料规格见表5.1。

表5.1　独立避雷针各段材料规格表

	A 段	B 段	C 段	D 段	E 段
主材	$\phi16$ 圆钢	$\phi19$ 圆钢	$\phi22$ 圆钢	$\phi25$ 圆钢	$\phi25$ 圆钢
横材	$\phi12$ 圆钢	$\phi16$ 圆钢	$\phi16$ 圆钢	$\phi19$ 圆钢	$\phi19$ 圆钢
斜材					
钢接合板厚度	8 mm 钢板	12 mm 钢板	12 mm 钢板	12 mm 钢板	12 mm 钢板
支撑板	∟ 50×50×5	∟ 50×50×5	∟ 50×50×5 或 ∟ 75×75×6	∟ 75×75×6	∟ 75×75×6
螺栓	M16×70	M16×75	M18×75	M18×75	
质量/kg	39	99	134	206	229

注:①针塔所用钢材均为Q235A,一律采用电焊焊接。组装调直时,不允许重力敲击,以免影响质量。

　　各部分施工误差不应超过±1 mm

　　②避雷针塔为分段装配式,其断面为等边三角形

　　③全部金属构架须刷樟丹油一道、灰铅油两道

　　④Ⅰ—Ⅰ、Ⅱ—Ⅱ、Ⅲ—Ⅲ也可采用①接点做法安装

②组对。在安装现场清理出宽5 m、长度大于避雷针总高度的一块平地,其中一端在避雷针的安装基础旁,以便吊装。把避雷针各段按顺序在平地上摆好,其中最下一段的底部应靠近基础,然后各节组对好,并且用螺栓连接,在螺栓连接点上下两段间以$\phi12$镀锌圆钢焊接跨接线。有时为了连接可靠,可以将螺母与螺杆用电焊焊死。

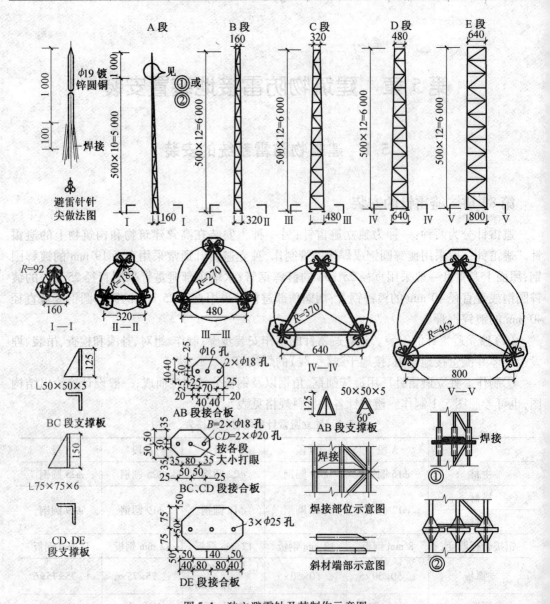

图5.1　独立避雷针及其制作示意图

在最低一段距离基础1 m处,每个棱上焊接两条M16的镀锌螺栓,间隔100 mm,作为接地体连接的紧固点。

③补漆与检查。组对好的避雷针,应进行补漆及检查。避雷针的散件通常应用镀锌铁件,也有涂防锈漆及银粉漆的。采用镀锌散件的避雷针,组装好后应将焊接处和锌皮剥脱处补漆。焊接处应先涂沥青漆,风干后再涂银粉漆,涂刷前应清除干净焊渣。脱锌皮处应先用纱布将污渍清除掉,然后再涂银粉漆。

采用铁件直接焊接的避雷针,应先清理干净焊点的焊渣,再用金属刷、砂布除锈。然后涂防锈漆两道,银粉漆一道。

④吊装。独立避雷针重心低并且质量不大,可以用起重机或人字抱杆吊装。

⑤埋设接地体。如图5.2所示,在距离避雷针基础3 m开外挖一深0.8 m、宽度宜于工

人操作的环形沟。并将避雷针接地螺栓至沟挖出通道。将镀锌接地极棒 $\phi(25\sim30)\times$ $(2\,500\sim3\,000)$ 圆钢垂直打入沟内,沟底上留出 100 mm,间隔可按总根数计算,一般为 5 m。也可用 $\llcorner$ 50×50×5 的镀锌角钢或 $\phi32$ 的镀锌钢管作为接地极棒。

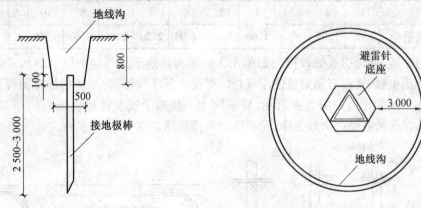

图 5.2　接地体埋设示意图

将所有的接地极棒打入沟内之后,应分别测量接地电阻,然后通过并联计算总的接地电阻,其值应小于 10 Ω。如果不满足此条件,应增加接地极棒数量,直到总接地电阻不大于 10 Ω 为止。

测量接地电阻时应注意下列几点:

a. 测量时必须断开接地引线和接地体(接地干线)的连接。

b. 电流极、电压极的布置方向应与线路方向或地下金属管线方向垂直。

c. 雨雪天或者气候恶劣天气应停止测量,防雷接地宜在春季最干燥时测量;保护接地、工作接地宜在春季最干燥时或冬季冰冻最严重时测量。否则应把测量结果乘以季节调节系数,调节系数见表 5.2 和表 5.3。其中,表 5.2 按土壤类别给出了调整系数。表 5.3 是按月份区分接地电阻率,主要是按土壤的潮湿程度衡量的,为工程中常用的一种简易系数计算方法,不考虑土壤类别,只考虑潮湿程度,用起来较为方便。两表可同时使用,以使测量值更准确。

表 5.2　土壤季节调节系数(按土壤类别)

土壤类别	深度/m	φ_1	φ_2	φ_3
黏土	0.5~0.8	3	2	1.5
	0.8~3.0	2	1.5	1.4
陶土		2.4	1.4	1.2
沙砾盖于陶土		1.8	1.2	1.1
园地			1.3	1.2
黄沙	0~2	2.4	1.6	1.2
杂以黄沙的沙砾		1.5	1.3	
泥灰		1.4	1.1	1.0
石灰石		2.5	1.5	1.2

注:①φ_1 为测量前下过数天的雨,土壤很潮湿时用

②φ_2为测量时土壤较潮湿,具有中等含水量时用

③φ_3为测量时土壤干燥或测量前降雨量不大时用

表5.3　土壤季节调节系数(按月份区分)

月份	1	2	3	4	5	6	7	8	9	10	11	12
调整系数	1.05	1.05	1	1.60	1.90	2.00	2.20	2.55	1.60	1.55	1.50	1.35

⑥接地干线、接地引线的焊接。如图5.3所示为接地干线与接地体的焊接示意图。焊接通常应使用电焊,实在有困难可使用气焊。焊接必须牢固可靠,尽量把焊接面焊满。接地引线与接地干线的焊接如图5.4所示,要求同上。接地干线及接地引线应使用镀锌圆钢。焊接完成后把焊缝处焊渣清理干净,然后涂沥青漆防腐。

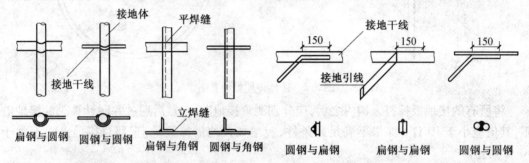

图5.3　接地干线与接地体的焊接示意图　　　图5.4　接地引线与接地干线的焊接示意图

⑦接地引线与避雷针连接。将接地引线与避雷针的接地螺栓可靠连接,如果引线为圆钢,则应在端部焊接一块长300 mm的镀锌扁钢,开孔尺寸应同螺栓相对应。连接前应再测一次接地电阻,使其符合要求。检查无误后,就可回填土。

(2)高耸独立建筑物、构筑物上避雷针的安装。高耸独立建筑物、构筑物主要指的是水塔、烟囱、高层建筑、化工反应塔以及桥头堡等高出周围建筑物或构筑物的物体。

高耸独立建筑物的避雷针一般是固定在物体的顶部,避雷针通常采用$\phi 25 \sim 30$ mm,顶部锻尖70 mm、全长1 500 ~ 2 000 mm的镀锌圆钢;引下线一种是用混凝土内的主筋或者构筑物钢架本身充当;另一种为在构筑物外部敷设$\phi 12 \sim 16$ mm的镀锌圆钢,敷设方法是使用定位焊焊在预埋角钢上,角钢伸出墙壁不超过150 mm,引下线必须垂直,在距地2 m处到地坪之间应用竹管或者钢管保护,竹管或钢管上应刷黑白漆,间隔各100 mm。

接地极棒敷设以及接地电阻要求同独立避雷针。对于底面积比较大并且为钢筋混凝土结构的高大建筑物,在其基础施工之前,应在基础坑内将数条接地极棒打入坑内,间距不小于5 m,数量由设计或底面积的大小定,并且用镀锌接地母线连接形成一个接地网。基础施工时,再把主筋(每柱至少两根)与接地网焊接,一直引至顶层。

如图5.5所示为烟囱避雷针的安装。烟囱避雷针的设置可按表5.4选择,当烟囱直径大于1.7 m、高度大于60 m时,应在烟囱顶部装设避雷带;高度在100 m以上的,在地面以上30 m处以及以上每隔12 m处均设均压环;其接地引线可利用扶梯或内筋。

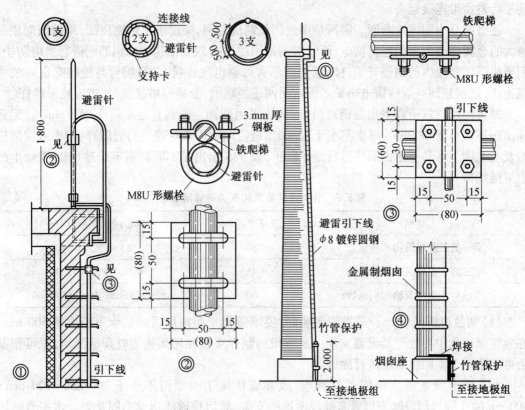

图 5.5　烟囱避雷针的安装示意图

表 5.4　烟囱避雷针选择　　　　　　　　　　　　m

烟囱尺寸	内径	1	1	1.5	1.5	2	2	2.5	2.5	3
	高度	15～30	31～50	15～45	46～80	15～30	31～100	15～30	31～100	15～100
避雷针根数		1	2	2	3	2	3	2	3	3
避雷针长度		1.5								

　　避雷带通常是用镀锌圆钢或扁钢和避雷针及顶部避雷网连接,然后可靠接地,常被用于高耸建筑物的顶部,用支撑卡子支撑。

　　均压环是在建筑物腰部用镀锌圆钢或扁钢沿四周并与建筑物做成一体的闭合接地防雷系统,一般与避雷针或避雷带的接地引线(一般是建筑物柱体的主钢筋)可靠连接,常用于高层建筑。可用直径 12 mm 的镀锌圆钢或截面面积为 100 mm² 的镀锌扁钢制作,一般在距地 30 m 处设第一环,然后每隔 12 m 设一环,直到顶部。避雷针、避雷带以及均压环是高耸建筑物常用防雷形式,通常结合在一起使用。

第 84 讲　避雷网(带)安装

　　避雷网(带)指的是在建筑物顶部沿四周或屋脊、屋檐安装的金属网带,用作接闪器。通常用来保护建筑物免受直击雷和感应雷的破坏。因为避雷网接闪面积大,更容易吸引雷电先导,使附近的特别是比它低的物体受到雷击概率大为减少。采用避雷网(带)时,屋顶上任何一点距离避雷网(带)不应大于 10 m。当有 3 m 及以上平行避雷带时,每隔 30～40 m 宜将平行避雷带连接起来。

避雷网分为明网与暗网。明网是用金属线制成的网,架设于建筑物顶部,用截面面积足够大的金属件与大地相连防雷电;而暗网则是用建(构)筑物结构中的钢筋网进行雷电防护。只要每层楼楼板内的钢筋与梁、柱、墙内钢筋有可靠电气连接,并且层台与地桩有良好的电气连接,就能起到有效的雷电防护。无论明网还是暗网,金属网格越密,其防雷效果越好。

避雷网及避雷带宜采用圆钢或扁钢,优先采用圆钢。圆钢直径不应小于 8 mm,扁钢截面面积不应小于48 mm²,厚度不小于4 mm。避雷网适用于对建筑物的屋脊、屋檐或屋顶边缘及女儿墙上等易受雷击部位进行重点保护,表5.5 给出了不同防雷等级建(构)筑物上的避雷网规格。

表5.5　各类建筑物和构筑物避雷网规格

类别	滚球半径/m	避雷网网格尺寸/m
第一类工业建筑物和构筑物	30	≤5×5 或 ≤6×4
第二类工业建筑物和构筑物	45	≤10×10 或 ≤12×8
第三类工业建筑物和构筑物	60	≤20×20 或 ≤24×16

(1)明敷避雷网(带)。避雷带明装时,要求避雷带距离屋面的边缘不应大于 500 mm。在避雷带转角中心处严禁设置支座。避雷带的制作可以在屋面施工时现场浇筑,也可预制后再砌牢或与屋面防水层进行固定。

女儿墙上设置的支架应垂直预埋,或在墙体施工时预留不小于 100 mm×100 mm×100 mm的孔洞。埋设时先埋设直线段两端的支架,然后拉通线埋设中间支架。水平直线段支架间距是 1~1.5 m,转弯处间距为 0.5 m,支架距转弯中心点的距离为 0.25 m,垂直间距是 1.5~2 m,相互之间距离应均匀分布。

屋脊上安装的避雷带使用混凝土支座或者支架固定。现场浇筑支座时,将脊瓦敲去一角,使支座与脊瓦内的砂浆连成一体;以支架固定时,用电钻将脊瓦钻孔,将支架插入孔中,用水泥砂浆填塞牢固。固定支座和支架水平间距是 1~1.5 m,转弯处是 0.25~0.5 m。

避雷带沿坡屋顶屋面敷设时,使用混凝土支座固定,并且支座应垂直于屋面。

明装避雷带应采用镀锌圆钢或者扁钢制作。镀锌圆钢直径为12 mm,镀锌扁钢截面面积为25 mm×4 mm 或40 mm×4 mm。避雷带在敷设时,应同支座或支架进行卡固或焊接成一体,引下线上端与避雷带交接处,应弯曲成弧形再与避雷带并齐后搭接焊。

避雷带沿女儿墙及电梯机房或水池顶部四周敷设时,不同平面的避雷带至少应有两处相互焊接连接。建筑物屋顶上的突出金属物体,例如旗杆、透气管、爬梯、铁栏杆、冷却水塔以及电视天线杆等金属导体都必须和避雷网焊接成整体。避雷带在屋脊上的安装做法如图5.6所示。

明装避雷带采用建筑物金属栏杆或者敷设镀锌钢管时,支架的钢管直径不应小于避雷带钢管的管径,其埋入混凝土或砌体内的下端应焊接短圆钢作为加强肋,埋设深度不应超过150 mm,中间支架距离不应小于管径的 4 倍。明装避雷网(带)支架如图5.7 所示。避雷带和支架应焊接连接固定,焊接处应打磨光滑无凸起,焊接连接处经处理之后应涂樟丹漆和银粉漆防腐。避雷带之间连接处,管内应设置管外径与连接管内径相吻合的钢管作为衬管,衬管长度不应小于管外径的 4 倍。

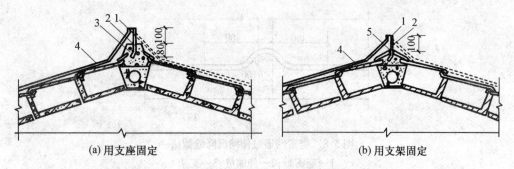

(a) 用支座固定　　　　　　　　(b) 用支架固定

图 5.6　避雷带在屋脊上的安装

1—避雷带;2—支架;3—支座;4—引下线;5—1:3 水泥砂浆

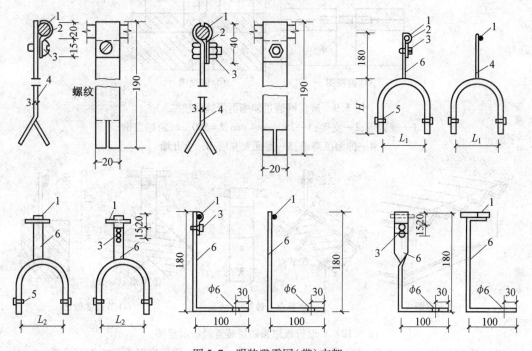

图 5.7　明装避雷网(带)支架

1—避雷网;2—扁钢卡子;3—M5 机螺钉;4—扁钢 20 mm×3 mm 支架;

5—M6 机螺钉;6—扁钢 25 mm×4 mm 支架

避雷带通过建筑物伸缩沉降缝时,应向侧面弯曲成半径 100 mm 的弧形,并支撑卡子中心距建筑物边缘距离为 400 mm,如图 5.8 所示。或将避雷带向下部弯曲,如图 5.9 所示。还可用裸铜软绞线连接避雷网。

安装好的避雷网(带)应牢固、平直,不应有高低起伏和弯曲现象,平直度检查:每 2 m 允许偏差不宜大于 3%,全长不宜超过 10 mm。

(2)暗装避雷网(带)。暗装避雷网是借助建筑物内的钢筋作为避雷网。用建筑物内 V 形折板内钢筋作为避雷网时,将折板插筋与吊环和网筋绑扎,通长筋与插筋、吊环绑扎。为方便与引下线连接,折板接头部位的通长筋应在端部预留钢筋头 100 mm。对于等高多跨搭接处,通长筋间应用 ϕ8 圆钢连接焊牢,绑扎或者连接的间距为 6 m。V 形折板屋顶防雷装置的做法如图 5.10 所示。

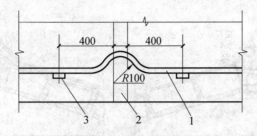

图 5.8　避雷网通过伸缩沉降缝做法一

1—避雷带;2—伸缩缝;3—支架

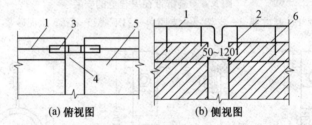

(a) 俯视图　　　　　(b) 侧视图

图 5.9　避雷网通过伸缩沉降缝做法二

1—避雷带;2—支架;3—25 mm×4 mm,$L=500$ mm 跨越扁钢;

4—伸缩沉降缝;5—屋面女儿墙;6—女儿墙

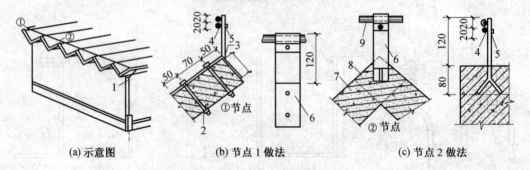

(a) 示意图　　　(b) 节点 1 做法　　　(c) 节点 2 做法

图 5.10　V 形折板屋顶防雷装置做法示意图

1—ϕ8 镀锌圆钢引下线;2—M8 螺栓;3—焊接;4—40 mm×4 mm 镀锌扁钢;5—ϕ6 镀锌机螺钉;
6—40 mm×4 mm 镀锌扁钢支架;7—预制混凝土板;8—现浇混凝土板;9—ϕ8 镀锌圆钢避雷带

　　当女儿墙上压顶为现浇混凝土时,可通过压顶内的通长钢筋作为建筑物暗装防雷接闪器,防雷引下线可采用直径不小于 ϕ10 的圆钢,引下线和压顶内的通长钢筋采用焊接连接。当女儿墙上的压顶为预制混凝土板时,应在顶板上预埋支架做接闪带;如果女儿墙上有铁栏杆,防雷引下线应由板缝引出顶板与接闪带连接,引下线在压顶处应和女儿墙顶板内通长钢筋之间用 ϕ10 圆钢作为连接线进行连接;当女儿墙设圈梁时,圈梁与压顶之间有立筋时,女儿墙中相距 500 mm 的两根 ϕ8 或者一根 ϕ10 立筋可用作防雷引下线,可把立筋与圈梁内通长钢筋绑扎。引下线的下端既可以通过焊接到圈梁立筋上,把圈梁立筋与柱的主筋连接起来,也可直接焊接到女儿墙下的柱顶预埋件上或钢屋架上。

　　当屋顶有女儿墙时,把女儿墙上明装避雷带与所有金属导体以及暗装避雷网焊接成一个整体作为接闪器,即构成了建筑物整体防雷系统。

（3）引下线的安装。

①一般要求。防雷装置引下线一般采用明敷、暗敷或者利用建筑物内主钢筋或其他金属构件做敷设。引下线可沿建筑物最易受雷击的屋角外墙处明敷,建筑艺术要求较高者也可暗敷。建筑物的消防梯、钢柱等金属构件宜作为引下线,各部件之间均应连接成电气通路。各金属构件可被覆有绝缘材料。

引下线宜采用热镀锌圆钢或扁钢,宜优先采用圆钢。圆钢直径不应小于 8 mm。扁钢截面不应小于 48 mm²,厚度不应小于 4 mm。

当引下线采用暗敷时,其圆钢直径不应小于 10 mm,扁钢截面不应小于 80 mm²。

烟囱上的引下线采用圆钢时,其直径不应小于 12 mm;采用扁钢时,截面面积不应小于 100 mm²,厚度不应小于 4 mm。

防腐措施应符合《建筑物防雷设计规范》(GB 50057—2010) 第 5.2.9 条的规定。利用建筑构件内钢筋作为引下线时应符合《建筑物防雷设计规范》(GB 50057—2010)4.3.5 和 4.4.5 的规定。

对于各类防雷建筑物引下线还有下列要求:

a. 第一类防雷建筑物安装独立避雷针的杆塔、架空避雷线和架空避雷网的各支柱处应至少设一根引下线。用金属制成或有焊接、绑扎连接钢筋网的混凝土杆塔、支柱可以作为引下线,引下线不应少于 2 根,并且应沿建筑物的四周均匀或对称布置,其间距不应大于 12 m。

b. 第二类防雷建筑物引下线不应少于 2 根,并且应沿建筑物四周均匀或对称布置,其间距不大于 18 m。

c. 第三类防雷建筑物引下线不应少于 2 根。建筑物周长不超过 25 m,并且高度不超过 40 m 时,可以只设一根引下线。引下线应沿建筑物四周均匀或对称布置,其间距不应大于 25 m。高度超过 40 m 的钢筋混凝土烟囱、砖烟囱应设两根引下线,可利用螺栓连接或焊接的一座金属爬梯作为两根引下线。

d. 用多根引下线明敷时,在各引下线距离地面 0.3 ~ 1.8 m 处应设断接卡。当利用混凝土内钢筋、钢柱做自然引下线并且同时采用基础接地体时,可不设断接卡,但是应在室内外的适当地点设置若干连接板,供测量、接人工接地体和做等电位连接用。当仅用钢筋作为引下线并且采用埋入土壤中的人工接地体时,应在每根引下线上距地不低于 0.3 m 处设置接地体连接板。采用埋于土壤中的人工接地体时应设断接卡,其上端应与连接板或钢柱焊接。连接板处要有明显标志。

e. 在易受机械损伤和防人身接触的地方,地面上 1.7 m 至地面下 0.3 m 的一段接地线采取暗敷或采用镀锌角钢、改性塑料管或橡胶管等保护设施。

f. 当利用金属构件、金属管道作为接地引下线时,应在构件或管道与接地干线间焊接金属跨接线。

②明敷引下线的安装。明敷引下线应预埋支撑卡子,支撑卡子应突出于外墙装饰面 15 mm 以上,露出长度应一致,然后把圆钢或扁钢固定于支撑卡子上。一般第一个支撑卡子在距室外护坡 2 m 高处预埋,距第一个卡子正上方 1.5 ~ 2 m 处埋设第二个卡子,由此向上逐个埋设,间距应均匀相等。

明敷引下线调直之后,从建筑物的最高点由上而下,逐点与预埋在墙体内的支撑卡子套环卡固,用螺栓或焊接固定,直至断接卡子为止,如图 5.11 所示。

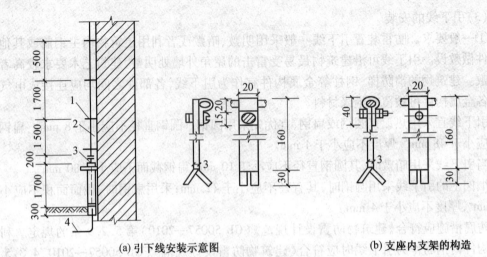

(a) 引下线安装示意图   (b) 支座内支架的构造

图5.11 明敷引下线安装做法

1—扁钢卡子;2—明敷引下线;3—断接卡子;4—接地线

引下线经过屋面挑檐处,应做成弯曲半径较大的慢弯,如图5.12所示为引下线经过挑檐板及女儿墙的做法。

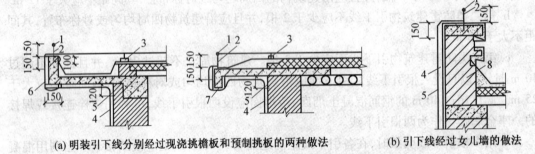

(a) 明装引下线分别经过现浇挑檐板和预制挑板的两种做法   (b) 引下线经过女儿墙的做法

图5.12 明装引下线经过挑檐板和女儿墙做法

1—避雷带;2—支架;3—混凝土支架;4—引下线;5—固定卡子;

6—现浇挑檐板;7—预制挑檐板;8—女儿墙

③暗敷引下线的做法。沿墙或者混凝土构造柱暗敷的引下线,一般使用直径不小于ф12镀锌圆钢或截面面积为25 mm×4 mm的镀锌扁钢。钢筋调直后与接地体(或断接卡子)用卡钉或者方卡钉固定好,垂直固定距离为1.5～2 m,由上到下展放或者一段段连接钢筋。暗装引下线经过挑檐板或女儿墙的做法如图5.13所示,图中 B 为女儿墙墙体厚度。

借助建筑物钢筋作为引下线,钢筋直径为ф16及以上时,应利用绑扎或焊接的两根钢筋作为一组引下线;如果钢筋直径为ф10及以上,则应利用绑扎或焊接的四根钢筋作为一组引下线。

引下线上不应和接闪器焊接,焊接长度不应小于钢筋直径的6倍,并且应双面施焊;中间与每一层结构钢筋需做绑扎或者焊接连接,下部在室外地坪下0.8～1 m处焊接一根ф12或者截面面积40 mm×4 mm的镀锌导体,伸向室外距外墙皮的距离不应小于1 m。

④断接卡子。为方便测试接地电阻值,接地装置中自然接地体与人工接地体连接处和每根引下线都应有断接卡子,断接卡子应有保护措施,引下线断接卡子应设于距地面1.5～

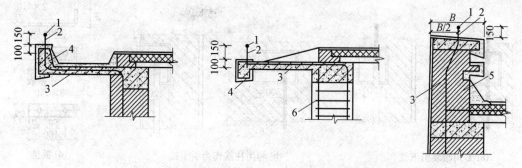

图 5.13　暗装引下线经过挑檐板或女儿墙的做法
1—避雷带;2—支架;3—引下线;4—挑檐板;5—女儿墙;6—柱主筋

1.8 m 的位置。

　　断接卡子包括明装和暗装两种,如图 5.14 与图 5.15 所示。可用截面面积为 40 mm× 4 mm 或截面面积为 25 mm×4 mm 的镀锌扁钢制作,通过两个镀锌螺栓拧紧。引下线的圆钢与断接卡子的扁钢应采用搭接焊接,搭接长度不应小于圆钢直径的 6 倍,并应双面施焊。

　　明装引下线在断接卡子的下部,应套竹管及硬塑料管保护,保护管伸入地下部分不应小于 300 mm。明装引下线不应当套钢管,必须外套钢管保护时,须在钢保护管的上、下侧焊接跨接线,并且和引下线连接成一体。

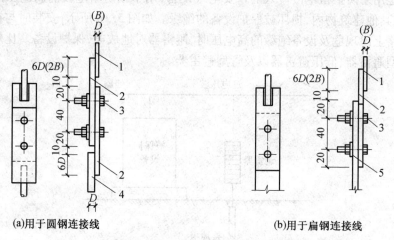

(a)用于圆钢连接线　　　　　(b)用于扁钢连接线

图 5.14　明装引下线断接卡子的安装
1—圆钢引下线;2—扁钢 25 mm×4 mm,L=90×6D(D 为圆钢直径)连接板;
3—M8×30 mm 镀锌螺栓;4—圆钢接地线;5—扁钢接地线

　　用建筑物内钢筋作为引下线时,因为建筑物从上而下电器连接成为一个整体,所以不能设置断接卡子,需要在柱或剪力墙内作为引下线的钢筋上,另外焊接一根圆钢,引到柱或墙外侧的墙体上,在距地面 1.8 m 处,设置接地电阻测试箱;也可以在距地面 1.8 m 处的柱(或墙)外侧,用角钢或扁钢制作预埋连接板与柱(或墙)的主筋进行焊接,再用引出连接板同预埋连接板焊接,引到墙体的外表面。

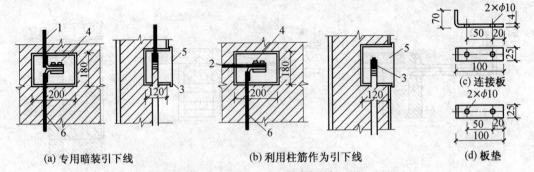

图 5.15　暗装引下线断接卡子的安装

1—专用引下线;2—至柱筋引下线;3—断接卡子;

4—M10×30 mm 镀锌螺栓;5—断接卡子箱;6—接地线

第 85 讲　避雷器的安装

输电线路遭受到雷击时,高压雷电波会沿着输电线路侵入变配电所或用户,击毁电气设备或造成人身伤害,这种现象称为雷电侵入波。据统计资料,电力系统中雷电侵入波造成的雷害事故占整个雷害事故近一半。因此,对雷电波侵入应予以相当程度的重视。

避雷器是用来防护雷电波侵入的重要电气设备,用于预防雷电波的高电压沿线路侵入变、配电站或其他建筑物内,损坏被保护设备的绝缘。如图 5.16 所示,安装时与被保护设备并联。当线路上出现危及设备绝缘的高电压时,避雷器对地放电,保护设备。比较常用的避雷器包括阀型避雷器、低压避雷器以及管型避雷器。

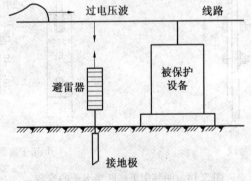

图 5.16　避雷器的连接

(1)阀型避雷器的安装。阀型避雷器由火花间隙与阀电阻片组成,封装在密闭瓷套管内。火花间隙一般采用多个单位间隙串联而成,阀电阻片为非线性电阻,加在其上的电压越高其电阻值越小,加在上面的电压低时,电阻值很大,一般用金刚砂颗粒和结合剂制成,如图5.17 所示。

正常情况下,火花间隙阻止线路工频电流通过,但是当线路上出现雷电高电压时,火花间隙被击穿,阀电阻片在高压作用之下阻值迅速减小,使雷电流可顺畅地向大地泄放,从而保护电气设备不被击穿。过电压消失,线路上恢复工频电流时,阀电阻又呈现高电阻状态,火花间隙,绝缘也迅速恢复,电路正常运行。阀型避雷器一般用于变配电所内。

阀型避雷器在安装之前应检查测量。首先应检查瓷套管是否完整,是否有裂纹或闪络

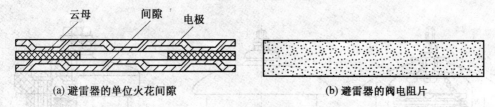

(a) 避雷器的单位火花间隙　　　　　　　　　(b) 避雷器的阀电阻片

图 5.17　阀型避雷器

烧痕,有无严重污秽;底座和拉紧绝缘子的绝缘应良好;水泥结合缝及其瓷釉是否完好,接线端子有无松动。组合元件的绝缘电阻(FS 型避雷器绝缘电阻应大于 2 500 MΩ)、电导电流、工频放电电压以及雷电记录器的动作试验都应合格。

阀型避雷器的安装原则如下:

①各连接处的金属接触面应将氧化膜和油漆除去,并且涂一层中性凡士林或复合脂。

②垂直安装,每个元件的中心轴线与安装点中心线的垂直偏差不应超过该元件高度的 1.5%。若有歪斜可在法兰间加金属片来校正,并且把其缝隙用腻子抹平后涂漆处理。均压环应水平安装,不应有歪斜。电站用避雷器通常落地安装,应用仪器测量其垂直度。均压环应安装水平,不应歪斜。

③放电记录器要密封良好,位置通常在标高 1.4 m 处,记录器应在零位,将其串联在接地引线回路里,如图 5.18 所示。

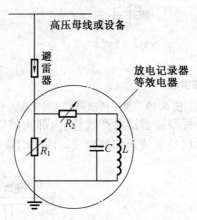

图 5.18　放电记录器的接线方法

④避雷器上端子应与被保护装置或者线路的相线连接,连接线采用不小于 16 mm² 的裸铜线;下端子也用不小于 16 mm² 的裸铜线和接地引线可靠连接。垫圈、螺母以及弹簧垫圈应使用与避雷器配套供应的紧固件。

低压避雷器用于 50 ~ 60 Hz、220 ~ 500 V 交流电气线路设备、低压网络户内装置或者通信广播线路、半导体器件等的过电压保护。其上下各有接线螺钉,分别接在网络及地线上,安装位置可在柜内或低压进户处,如图 5.19 所示为其外形及安装尺寸。其中 FYS 型为低压金属氧化物避雷器,适用于配电变压器的低压侧、电能表、铁路与通信部门线路以及各种半导体器件的过电压保护。

低压避雷器的安装方法与阀型避雷器相同。

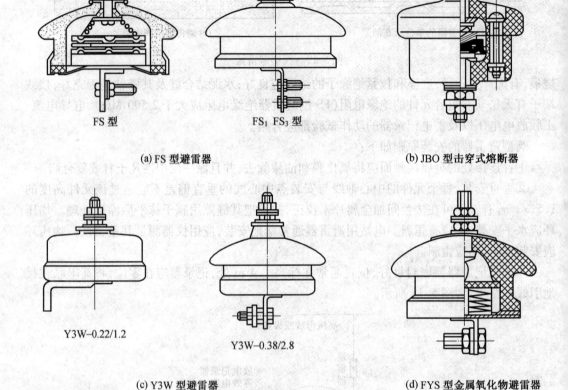

(a) FS 型避雷器

FS 型　　　　　FS₁ FS₃ 型

(b) JBO 型击穿式熔断器

Y3W–0.22/1.2　　　　　Y3W–0.38/2.8

(c) Y3W 型避雷器

(d) FYS 型金属氧化物避雷器

图 5.19　常用低压避雷器外形图

（2）管型避雷器的安装。管型避雷器由产气管、内部间隙以及外部间隙组成，结构如图 5.20 所示。产气管由纤维、有机玻璃或者塑料制成。内部间隙装在掺汽管内，一个电极为棒状，另一个电极为环形。

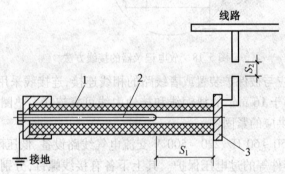

图 5.20　管型避雷器
1—产气管；2—内部电极；3—外部电极；
S_1—管型避雷器内部间隙；S_2—管型避雷器与外部线路之间的外部间隙

当线路遭受雷击或者发生雷电感应时，雷电过电压使管型避雷器的外部间隙和内部间隙击穿，雷电流通过接地装置泄入地下。同时，因为随之而来的工频续流也很大，雷电流和工频续流在管子内部产生强烈电弧,试管内壁材料燃烧产生大量气体,因为管子容积很小,使得管内气体压力很大,快速将电弧从管口喷出,使其熄灭。外部间隙在雷电流入地之后很快恢复绝缘,使避雷器与线路隔离,线路恢复正常运行。管型避雷器一般用于线路。

管型避雷器安装要求如下:

①安装前应进行外观检查,要求管口无堵塞,配件齐全;管壁无破损、裂痕,漆膜无脱落;绝缘良好,试验合格。

②管型避雷器一般应垂直安装,当需要斜射安装时,其轴线同水平方向的夹角,普通型应不小于15°,无续流管型应不小于45°,安装在污秽地区时应该增大倾斜角度。

③避雷器应在管体闭口端固定,开口端指向下方,并且下方或者喷射方向上应无其他设施和接地金属物,以防排出的气体引起相间或对地闪络;下方应严禁通行,有遮拦并且设置警告牌。动作指示盖应打开向下。

④支架必须安装牢固,应用 50 mm×50 mm×5 mm 镀锌角钢制作,防止由于反冲力导致的变形和位移。上端盖用 M12 自带螺栓固定在支架上,支架应可靠接地。如图 5.21 所示,被保护装置的高压引线接在下部的外电极上,腰部应与支架固定。

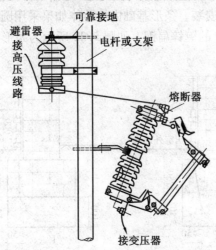

图 5.21　GSW2-10 型无续流管型避雷器接线示意图

⑤被保护设备连接线长度应小于 4 m,并与被保护设备用同一个接地装置,接地装置的接地电阻应不大于 12 Ω。

5.2　建筑物接地系统的安装

第 86 讲　建筑物基础接地装置的安装

高层建筑大多以建筑物的深基础作为接地装置。在土壤比较好的地区,当建筑物基础采用以硅酸盐为基料的水泥,比如矿渣水泥、波特兰水泥等,以及周围土壤当地历史上一年中最早发生雷闪时间以前的含水量不低于 4% ,或基础外表面无防腐层或沥青防腐层时,钢筋混凝土基础内的钢筋都可作为接地装置。对于一些用防水水泥(铝酸盐水泥)制成的钢筋混凝土基础,因为导电性差,不宜单独作为接地装置。当利用建筑物基础作为接地装置时应注意下列问题:

①当建筑物用金属柱子、桁架以及梁等建造时,对防雷及电气装置需要建立连续电气通路而言,采用螺栓、铆钉以及焊接等连接方法已足够;在金属结构单元彼此不用上述方法连接的地方,对电气装置应采用截面面积不小于100 mm²的跨接焊接;对于防雷装置应采用不小于φ8的圆钢或12 mm×4 mm的扁钢跨接焊接。

②当利用钢筋混凝土构件内的钢筋网作为防雷装置时,连续电气通路应满足下列条件:

a. 构件内柱钢筋在长度方向上的连接采用焊接或者用铁丝绑扎法搭接。

b. 在水平构件和垂直构件的交叉处,有一根主钢筋彼此焊接或者用跨接线焊接,或者有不少于两根主筋彼此用铁丝绑扎法连接。

c. 构架内的钢筋网用铁丝绑扎或者焊接。

d. 预制构件之间的连接或按上述a、b款处理,或从钢筋焊接出预埋板再做焊接连接。

e. 构件钢筋网与其他例如防雷装置及电气装置等的连接都应先从主筋焊接出预埋板或预留圆钢(扁钢)后再做连接。

③当借助钢筋混凝土构件的钢筋网作为电气装置的保护接地线(PE线)时,从供接地用的预埋连接板起,沿钢筋直至接地体连接为止的这一段串联线上的所有连接点均采用焊接。

(1)条形基础内接地体安装。条形基础内接地体如果采用圆钢,直径不应小于φ12 mm,扁钢不应小于40 mm×4 mm的镀锌扁钢。如图5.22所示为条形基础内接地体的安装方式。

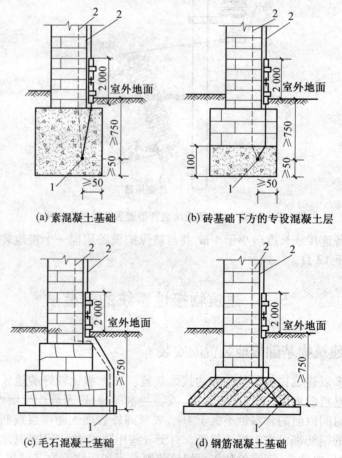

(a) 素混凝土基础　　　　　(b) 砖基础下方的专设混凝土层

(c) 毛石混凝土基础　　　　　(d) 钢筋混凝土基础

图5.22　条形基础内接地体的安装

1—接地体;2—引下线

在通过建筑物的变形缝处,应在室外或室内装设弓形跨接板,弓形跨接板的弯曲半径为100 mm。如图5.23所示,跨接板以及换接件外露部分应刷樟丹漆一道,面漆两道。当采用扁钢接地体时,可直接把扁钢接地体弯曲。

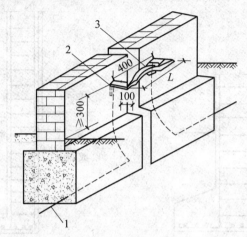

图 5.23　基础内接地体变形缝处做法

1—圆钢接地体;2—25 mm×4 mm 换接件;3—弓形跨接板扁钢25 mm×4 mm,L=500 mm

(2)钢筋混凝土桩基础接地体安装。如图5.24所示为桩基础接地体,在作为防雷引下线的柱子位置处,把基础的抛头钢筋与承台梁主筋焊接,并且与上面作为引下线的柱(或剪力墙)中的钢筋焊接。当每组桩基多于4根时,只需连接其四角桩基的钢筋作为接地体。

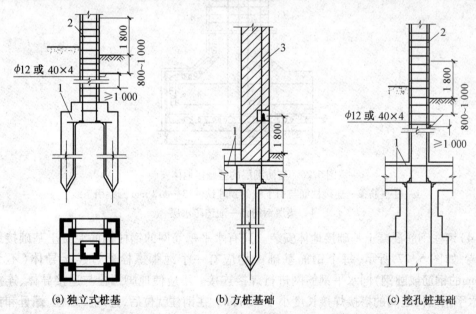

(a) 独立式桩基　　　　　　(b) 方桩基础　　　　　　(c) 挖孔桩基础

图 5.24　钢筋混凝土桩基础接地体安装

1—承台架钢筋;2—柱主筋;3—独立引下线

(3)独立柱基础、箱形基础接地体安装。钢筋混凝土独立基础及钢筋混凝土箱形基础作为接地体时,应把用作防雷引下线的现浇钢筋混凝土柱内的满足要求的主筋与基础底层钢筋网做焊接连接,如图5.25所示。钢筋混凝土独立基础如果有防水油毡和沥青包裹时,应通过预埋件和引下线,跨越防水油毡及沥青层,把柱内的引下线钢筋、垫层内的钢筋同接地柱相焊接,通过垫层钢筋和接地桩柱做接地装置,如图5.26所示。

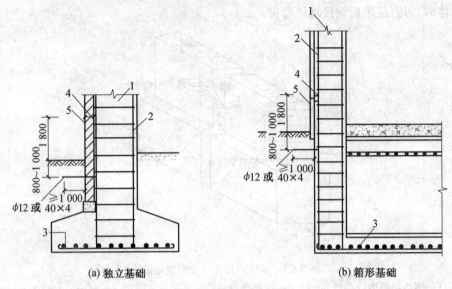

(a) 独立基础　　　　　　　　　(b) 箱形基础

图5.25　独立基础与箱形基础接地体安装
1—现浇混凝土柱;2—柱主筋;3—基础底层钢筋网;4—预埋连接件;5—引出连接板

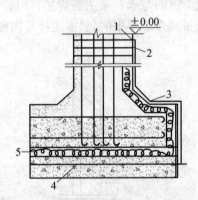

图5.26　有防潮层的基础接地体安装
1—柱主筋;2—连接柱筋与引下线的预埋铁件;3—φ12 mm圆钢引下线;
4—垫层钢筋;5—油毡防水层

(4)钢柱钢筋混凝土基础接地体安装。只有水平钢筋网的钢柱钢筋混凝土基础接地体的安装,如图5.27所示,每个钢筋基础中均应有一个地脚螺栓通过连接导体(不小于φ12 mm的钢筋或圆钢)同水平钢筋网进行焊接连接。不应使地脚螺栓与连接导体、连接导体与水平钢筋网之间的搭接焊接长度小于60 mm。在钢柱就位后,把地脚螺栓、螺母和钢柱焊为一体。当无法利用钢柱的地脚螺栓时,应根据钢筋混凝土杯型基础接地体的施工方法施工。将连接导体引到钢柱就位的边线外,在钢柱就位后,焊到到钢柱的底板上。

如图5.28所示为有垂直和水平钢筋网的钢柱钢筋混凝土基础接地体安装方法。有垂直和水平钢筋网的基础,垂直与水平钢筋网的连接,应将和地脚螺栓相连接的一根垂直钢筋焊接到水平钢筋网上,当不能直接焊接时,应采用不小于φ12 mm的钢筋或者圆钢跨接焊接。如果四根垂直主筋能接触到水平钢筋网时,可把垂直的四根钢筋与水平钢筋网进行绑扎连接。当钢柱钢筋混凝土基础底部有桩基时,宜把每一桩基的一根主筋同承台钢筋焊接。

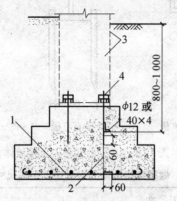

图5.27 仅有水平钢筋网的基础接地体的安装
1—水平钢筋网;2—连接导体;3—钢柱;4—地脚螺栓

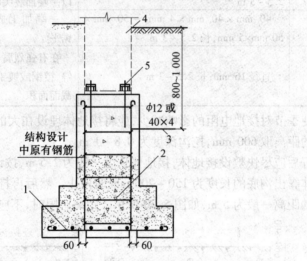

图5.28 有垂直和水平钢筋网的基础接地体安装
1—水平钢筋网;2—垂直钢筋网;3—连接导体;4—钢柱;5—地脚螺栓

第87讲 人工接地装置的安装

人工接地体的安装方式分为垂直与水平两种,常见形式如图5.29所示。

(1)垂直人工接地体的埋设。一般接地体均由几根经过加工的钢管(角钢或圆钢)沿接地极沟的中心线垂直打入,埋设成一圈或一排,并且在其上端用扁钢或者圆钢焊成一个整体。首先要将使用的钢材按表5.6进行加工。

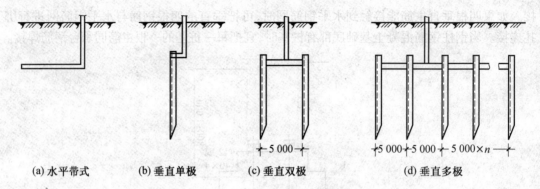

(a) 水平带式　　　(b) 垂直单极　　　(c) 垂直双极　　　(d) 垂直多极

图 5.29　常见的几种人工接地体

表 5.6　做垂直接地体的钢材加工规格尺寸和要求

使用钢材	加工尺寸	加工要求
钢管	直径 50 mm,壁厚 3.5 mm,长 2.5~3 m	一端砸扁或加工成锥形,另一端锯平;也可以一端加装尖状管头,另一端加装管帽
角钢	40 mm×40 mm×4 mm~50 mm×50 mm×5 mm,长 2.5~3 m	一端加工成 120 mm 长的锥形,另一端锯平
圆钢	直径 16 mm,长 2.5~3 m	在有强烈腐蚀性土壤中,接地体应使用镀锌、镀铜或镀铅的钢质元件,并且适当加大其截面面积

为了使季节对接地电阻的影响减少,应将接地体埋设在大的冻土层以下,一般接地体顶部与地面的距离取 600 mm,挖沟深度为 0.8~1 m。

沟挖好后应尽快敷设接地体,接地体长度一般为 2.5 m,按设计位置将接地体打入地下,打到接地体露出沟底的长度为 150~200 mm 时停止。然后再打入相邻一根接地体。相邻接地体之间的距离一般为 5 m,如图 5.30 所示。距离有限时,不应小于接地体的长度。

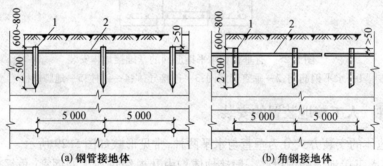

(a) 钢管接地体　　　(b) 角钢接地体

图 5.30　垂直接地体埋设

1—接地体;2—接地线

接地体距建筑物或人行道的距离不应小于 1.5 m;接地体和独立避雷装置接地体之间的地下距离不应小于 3 m,地上部分的空间距离不应小于 5 m。

接地体之间的连接通常采用镀锌扁钢,扁钢的规格应按设计图规定,扁钢与接地体用焊接方法连接。扁钢应立放,这样既便于焊接,也可减小接地流散电阻。连接好接地体后,经检查确认接地体埋设深度、焊接质量等均符合要求即可将沟回填。回填时应注意回填土中不应夹杂石块、建筑碎料和垃圾,回填土应分层夯实,使土壤和接地体紧密接触。

(2)水平接地体的埋设。水平接地体多用于环绕建筑物四周的联合接地,一般采用镀锌圆钢或镀锌扁钢,采用圆钢时,其直径多是 16 mm;采用扁钢时,多采用 40 mm×4 mm 的镀锌扁钢,截面面积不应小于 100 mm²,厚度不应小于 4 mm。因为接地体垂直放置时,流散电阻小,所以,接地体沟挖好后,如图 5.31 所示,应垂直敷设在地沟内(不应平放)。

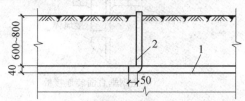

图 5.31 水平接地体安装
1—接地体;2—接地线

水平接地体的形式,常见的包括带形、环形以及放射形等几种,埋设深度通常在 0.6 ~ 1 m,不得小于 0.6 m。带形接地体多为几根水平安装的圆钢或者扁钢并联而成,埋设深度不小于 600 mm,使用的根数和长度可以根据实际情况通过计算确定。环形接地体用圆钢或扁钢焊接而成,水平埋设于地下 0.7 m 以上,其直径大小根据设计规定。放射形接地体的放射根数通常为 3 根或 4 根,埋设深度不小于 0.7 m,每根长度按设计要求。

(3)人工接地线安装。接地线的安装包括接地体连接用的扁钢以及接地干线与接地支线的安装。为了连接可靠并且具有一定机械强度,人工接地线通常采用扁钢或圆钢。圆钢直径不小于 6 mm;扁钢截面面积不小于 24 mm²。只有在使用移动式电气设备或者使用钢导体有困难的地方,才可使用截面面积不小于 4 mm² 的铜线或者 6 mm² 的铝线(地下接地线严禁使用裸铝导线)。

选用人工接地线时应考虑下列问题:

①当电气设备很多时,可以敷设接地干线。接地干线和接地体之间最少要有两处以上的连接。电气设备的接地支线应单独和干线相连,不允许串联。

②接地线与设备一般用螺栓连接或焊接。采用螺栓连接时,应设防松螺母和防松垫片。接地线不应接于电极、台扇的风叶罩壳上。

③接地线之间及接地线与接地体连接宜用焊接,如果采用搭接焊接时,其搭接长度为扁钢宽度的 2 倍或者圆钢直径的 6 倍。接地线与管道等伸长接地体的连接若焊接有困难时,可采用卡箍,但是应确保电气设备接触良好。

接地网中各接地体间的连接干线,一般采用扁钢宽面垂直安装,连接处应尽可能采用焊接并加镶块,以增大焊接面积。如果无条件焊接时,也允许用螺钉压接,但要先在接地体上端装设接地干线连接板,如图 5.32 所示。连接板须经镀锌处理,螺钉也要采用镀锌螺钉。在安装时,接触面应保持平整、严密,不可有缝隙,螺钉要拧紧。在有振动的地方,螺钉上应加弹簧垫圈。

①接地干线的安装。接地干线应水平或者垂直敷设,在直线段不应有弯曲现象。安装位置应便于检修,并且不妨碍电气设备的拆卸与安装。接地干线与建筑物或者墙壁之间应有 15 ~ 20 mm 的间隙。水平安装时离地面的距离按设计图样,如果无具体规定一般为 200 ~ 600 mm。接地线支撑卡子之间的距离,水平部分是 1 ~ 1.5 m,垂直部分是 1.5 ~ 2 m,转角部

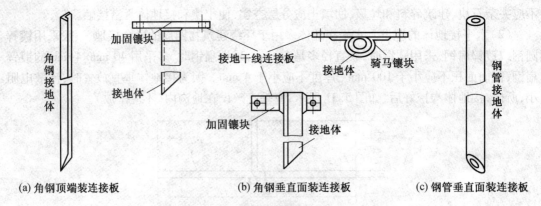

(a) 角钢顶端装连接板　　　(b) 角钢垂直面装连接板　　　(c) 钢管垂直面装连接板

图5.32　垂直接地体焊接接地干线连接板

分为0.3~0.5 m。在接地干线上应做好接线端子(位置由设计图样定)以便于连接接地支线。如图5.33所示,接地线由建筑物内引出时,可由室内地坪下引出,也可由室内地坪上引出。接地线穿过墙壁或楼板,必须预先在需要穿越处装设钢管,接地线在钢管内穿过,钢管伸出墙壁至少10 mm,在楼板上面要伸出至少30 mm,在楼板下面至少要伸出10 mm,接地线穿过之后,钢管两端要用沥青棉纱做好密封,如图5.34所示。

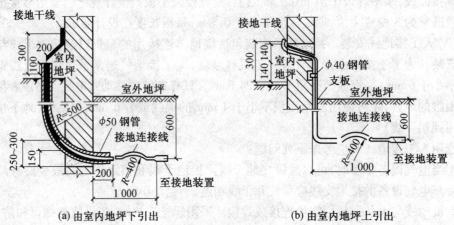

(a) 由室内地坪下引出　　　　　　(b) 由室内地坪上引出

图5.33　接地线由建筑物内引出安装

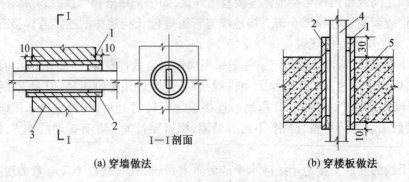

(a) 穿墙做法　　　　　　　(b) 穿楼板做法

图5.34　接地线穿越墙壁、楼板安装

1—沥青棉纱;2—φ40钢管;3—砖管;4—接地线;5—楼板

采用圆钢或者扁钢作为接地干线时,其连接必须用搭接焊接,圆钢搭接时,焊缝长度至少为圆钢直径的 6 倍;两扁钢搭接时,焊缝长度是扁钢宽度的 2 倍;采用多股绞线连接时,应采用接线端子。如图 5.35 所示为接地干线的连接。

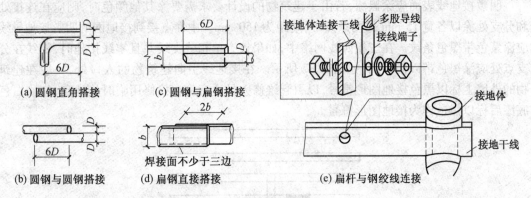

(a) 圆钢直角搭接　　(c) 圆钢与扁钢搭接

(b) 圆钢与圆钢搭接　(d) 扁钢直接搭接　焊接面不少于三边　(e) 扁杆与钢绞线连接

图 5.35　接地干线的连接

接地干线和电缆或其他电线交叉时,其间距不应小于 25 mm;与管道交叉时,应加设保护钢管;跨越建筑物伸缩缝时,应有弯曲,以便有伸缩余地,避免断裂。

②接地支线的安装。安装接地支线时应注意,多个设备和接地干线相连接,每个设备用一根接地支线,不允许几个设备共用一根接地支线,也不允许几根接地支线并接于接地干线的同一个连接点上。如图 5.36 所示为接地支线与电气设备金属外壳、金属构架的连接,接地支线的两头焊接接线端子,并且用镀锌螺钉压接。

明设的接地支线在穿越墙壁或者楼板时应穿管保护;固定敷设的接地支线需要加长时,连接必须牢固,用于移动设备的接地支线不允许中间有接头;接地支线的每一个连接处均应置于明显的地方,以便于检修维护。

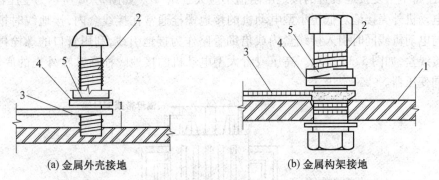

(a) 金属外壳接地　　　　　　　(b) 金属构架接地

图 5.36　电器金属外壳或金属构架与接地支线的连接

1—电器金属外壳或金属构架;2—连接螺栓;3—接地支线;4—镀锌垫圈;5—弹簧垫片

(4)接地模块的安装。当安装接地模块时,埋设应尽量选择合适的土层进行,预先挖 0.8 ~ 1.0 m 的土坑,不应倾斜设置,尽量使底部平整,使埋设的接地模块受力均匀,保持与原土层接触良好。接地模块应垂直或水平设置,用连接线使连接头同接地网连接,用螺栓连接后进行热焊或热熔焊。焊接完成后,应将焊渣除去,再用防腐剂或防锈漆进行焊接表面的防腐处理,回填需要分层夯实,保证土壤的密实以及接地模块同土壤的紧密接触,底部回填 0.4 ~ 0.5 m 之后,应适量加水,保证土壤湿润,使接地模块充分吸湿。使用降阻剂时,为防腐,包裹厚度应在 30 mm 以上。

(5)接地装置的涂色。接地装置安装完毕之后,应对各部分进行检查,尤其是焊接处更要仔细检查焊接质量,对合格的焊缝应按照规定在焊缝各面涂漆。

明敷接地线表面应涂黑漆,若由于建筑物的设计要求需要涂其他颜色时,则应在连接处和分支处涂以各宽15 mm的两条黑带,间距为150 mm。中性点接到接地网的明敷接地导线应涂紫色带黑色条纹。在三相四线网络中,如果接有单相分支线并且零线接地时,零线在分支点处应涂黑色带以便识别,如图5.37所示。在接地线引向建筑物的入口处,一般在建筑物的外墙上标以黑色接地图形符号,以引起维修人员注意。在检修用临时接地点,应刷白色底漆后标以黑色作为接地图形符号。

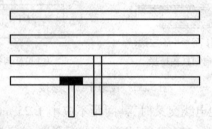

图5.37　三相四线系统零线涂色

第88讲　电气设备的接地安装

(1)变压器、电动机等电气设备的接地。

①变压器中性点和外壳的接地。总容量在100 kV·A以上的变压器,其低压侧零线及外壳应接地,且接地电阻不应大于4 Ω,每一重复接地装置的接地电阻不应大于10 Ω;总容量在100 kV·A以下的变压器,其低压侧零线、外壳的接地电阻不应大于10 Ω,重复接地不少于三处,每个重复接地装置的接地电阻值不应大于30 Ω。如图5.38所示为变压器接地。

②电动机外壳接地。低压小型电动机的接地螺栓通常在接线盒内,接地线时把导线穿入管内与电动机线同时引入接线盒内或借助管路作为接地引线,利用管口的螺栓再将接地线引入接线盒,如图5.39所示。高压或者大型电动机的接地螺栓通常在外壳的底座上,接地方法同变压器。

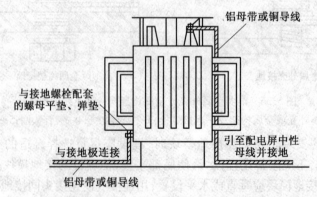

图5.38　变压器的接地示意图

③电器金属外壳接地。交流中性点不接地系统中,电气设备的金属外壳应同接地装置连接;交直流电缆接线盒、终端盒的外壳、电力电缆和控制电缆的金属护套、敷设的钢管与电

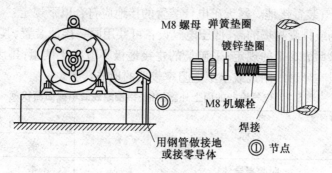

图 5.39　电动机接地做法

缆支架等均应接地;穿过零序电流互感器的电缆,其电缆头接地线应穿过互感器之后接地;并且应把接地点前的电缆头金属外壳、电缆金属包皮及接地线与地绝缘。不应使井下电气装置的电气设备金属外壳接触电压大于 40 V。接地网对地和接地线的电阻值:当断开任一组接地极时,接地网上任一点测得的对地电阻不应大于 2 Ω。如图 5.36(a)所示为电器金属外壳接地。

④金属构架接地。交流电气设备的接地线可利用金属结构,包括起重机的钢轨、平台、走廊、电梯竖井、起重机与升降机的构架、运输皮带的钢梁等,如图 5.36(b)所示为接地做法。

(2)携带式电力设备接地。携带式电力设备例如手电钻及手提照明灯等,应选用截面面积不小于 1.5 mm² 的多股铜芯线作为专用接地线,单独与接地网连接,切不可通过其他电气设备的零线接地,也不允许用此芯线通过工作电流。

由固定的电源或者由移动式发电设备供电的移动式机械,应和这些供电电源的接地装置有金属连接。在中性点不接地的电网中,可在引动式机械附近设置若干接地体,以代替敷设接地线,并且应首先借助附近所有的自然接地体。

携带式用电设备严禁通过其他用电设备的零线接地;零线和接地线应分别与接地网连接。

移动式电力设备与机械的接地应符合固定式电气设备的要求,但是以下情况一般可以不接地:

①移动式机械自用发电设备直接放在机械的同一金属框架上,又不供给其他设备用电。

②当机械由专用移动式发电设备供电,机械数量不超过两台,机械距移动式发电设备不超过 50 m,并且发电设备和机械外壳之间有可靠的金属连接。

(3)电子设备的接地。电子设备的逻辑、功率、安全以及信号等的设置除应符合设计规定外,还应符合以下规定:

①接地母线的固定应和盘、柜体绝缘。

②大、中型计算机应采用铜芯绝缘导线,其截面面积按设计施工。

③高出地坪 2 m 的一段设备,应用合成树脂或者具有相同绝缘性能和强度的管子加以保护。

④接地网或者接地体的接地电阻不应大于 4 Ω。

⑤一般工业电子设备应有单独的接地装置,接地电阻值不应大于 10 Ω,与设备的距离不应大于 5 m,但是可以与车间接地干线相连。

(4)露天矿电气装置接地。露天矿电气装置的接地应符合以下规定：

①露天采矿场或排废物场的高、低压电气设备可共用同一接地装置,其接地电阻值如果设计无规定时可参照表5.7的规定;采矿场的主接地极不应少于两组;排废物场可设一组。主接地极通常应设在环形线附近或土壤电阻率较低的地方。

表5.7　电气设备的面上外露的铜、铝接地线最小截面面积　　　　　　　mm²

名称	最小截面面积	
	铜	铝
明敷裸导体	4	6
绝缘导体	1.5	2.5
电缆接地芯或与相线包在同一保护外壳内的多芯导线接地芯	1	1.5

②高土壤电阻率的矿山,接地电阻值不得大于30 Ω,并且接地线及设备的金属外壳的接地电压不得大于50 V。

③架空接地线应采用截面面积不小于35 mm²的钢绞线或钢芯铝绞线,并且与导线的垂直距离不应小于0.5 m。

④每台设备不得串联接地,必须备有单独接地引线,连接处应设断接卡板。

(5)爆炸和火灾危险场所电气设备接地。

①电气设备的金属外壳和金属管道、容器设备以及建筑物金属结构均应可靠接地或接零;管道接头处应做跨接线。

②0区和10区范围内所有电气设备及1区范围内除照明灯具外的其他电气设备,均应使用专用接地或接零线;接地或接零线与相线同管敷设时,则其绝缘电阻应和相线相同。

③1区范围内的照明灯具和2区、11区范围内的所有电气设备,可通过与地线有可靠电气连接的金属管线或金属框架接地或者接零;但是不得利用输送爆炸危险物质的管道接地或接零。

④爆炸危险场所内电气设备专用接地线应符合以下规定:

引向接地干线的接地线应是铜芯导线,其截面面积要求见表5.8。如果采用裸铜线时,其截面面积不应小于4 mm²。

表5.8　电动机容量与绝缘铜芯接地线截面面积对照表

电动机容量/kW	≤1	≤5	≤10	≤15	≤20	≤50	≤200	≤500	≤750	≥750
接地线截面面积/mm²	2.5	4	6	10	16	25	35	50	70	95
接地螺栓规格	M8		M10		M12					

接地线采用多股铜芯线时,同接地端子的连接宜用压接,压接端子的规格与背压接的导线截面面积相符合。

⑤在爆炸危险场所内不同方向上,接地和接零干线同接地装置相连应不少于2处;通常应在建筑物两端分别与接地体相连。接地连接板应用不锈钢板、镀锌板或者接触面搪锡、覆铜的钢板制成;连接面应平整、无污物以及有金属光泽并且应涂电力脂。连接用螺栓应为镀锌螺栓,弹簧垫圈及两侧的平垫圈应齐全,拧紧之后弹簧垫圈应被压平。

⑥在爆炸危险场所之内,中心点直接接地的低压电力网中,所有的电气装置接零保护,

不应接在工作零线上,而应接于专用接零线上。

⑦爆炸危险场所防静电的接地体、接地线以及接地连接板的设置除应符合实际要求外,还应符合以下规定:

a. 防静电接地线应单独与接地干线相连接,不得互相串联接地。

b. 接地线在引出地面处,应有防损伤、防腐蚀措施;铜芯绝缘导线应利用硬塑料管保护;镀锌扁钢宜采用角钢保护;如果该处是耐酸地坪时,则表面应涂耐酸油漆。

(6)架空线路的接地。架空线路接地可以分为重复接地与输电线路接地。

重复接地包括接零系统在接户线处重复接地;低压架空线路零线的重复接地;在架空干线及分支线终端,长度大于 200 m 的架空线分支处应重复接地;在干线没有分支的直线段中,每隔 1 km 零线应重复接地;高、低压线路共杆架设时,在共杆架设端的两终端杆上,低压线路的零线应重复接地。

对于输电线路杆塔接地应符合以下规定:

①3 ~ 35 kV 线路,有避雷线的铁塔或者钢筋混凝土杆均应接地;如果土壤电阻率较高,接地电阻不小于 30 Ω。

②3 ~ 10 kV 线路,在居民区无避雷线的铁塔与混凝土杆应接地。

③接线杆塔上的避雷线、金属横担以及绝缘子底座均应接地。

(7)特殊设备接地。

①高频电热设备接地。电源滤波器处应进行一点接地;设置专用接地体,接地电阻值不大于 4 Ω。

②电弧炉设备接地。由中性点不接地系统供电时,设备外壳和炉壳都应接地,接地电阻不应大于 4 Ω;通过中性点接零系统供电时,则设备外壳和炉壳应接地;接地线应用软铜线,截面面积不小于 16 mm²。

③六氟化硫组合电器的接地。各接口法兰之间应用铜带跨接接地线,其底座及支架应接地。

④电除尘设备接地。两台以上的电除尘设备,其接地线严禁串联,必须每台接地线单独引向接地装置。在酸碱盐腐蚀比较严重的地方,其接地装置应做防腐处理。接地电阻应满足设计规定。

⑤调试用电子仪器设备接地。调试时,试验用的电子电路与电子仪器应接零。测量高频电源波形及参数的工业电子设备,宜用独立的接地装置,不应同车间的接地干线相连,二者之间距离应在 2.5 m 以上;直流信号地应与交流地分开。

⑥高压试验设备接地。对于 10 kV 以下便携式高压试验电气设备,在工作台上也应当可靠接地,并且接地电阻应小于 4 Ω。

⑦X 光机等高压电子设备接地。对 X 光机,心、脑电图机等电子仪器元器件,电子电路应有统一的基准电位,然后从机壳上接地。X 光机上的高压电子管外壳、操作台、电动床、高压电缆金属护套、管式立柱等铁壳均应接地,可与电气设备、管道接地相连接,也可与水箱连接做辅助接地。应单独设立接地装置,且接地电阻应小于 10 Ω。

(8)屏蔽接地。屏蔽电缆在屏蔽体入口处,其屏蔽层应接地;如果用屏蔽线或屏蔽电缆接仪器,则屏蔽层应由一点接地或同一接地点附近多点接地。

屏蔽的双绞线、同轴电缆在工作频率小于 1 MHz 时,屏蔽层应采用单端接地,如果两端接地可能造成感应电压短路环流,烧坏屏蔽层。屏蔽接地的接地电阻不应大于 4 Ω。

(9)防静电接地。

①车间内每个系统的设备与管道应做可靠金属连接,并且至少有两处接地点。

②接地线通常采用绝缘导线,其截面面积通常为 6 ~ 8 mm²。

③输送油的软橡皮管的金属管口,和装有油的金属槽必须进行金属连接。

④由一个金属容器往另一个金属容器移注油液时,事先应将两个容器进行金属连接并接地。

⑤油罐车应用金属链子从车体直接垂至路面进行接地。

⑥构造物例如烟囱、油槽、煤气管道以及氧气管道等的接地应按设计要求施工,接地应牢靠。

第89讲　接地电阻的测量

(1)各种接地装置接地电阻的规定。接地装置的接地电阻是接地体对地电阻与接地线电阻的总和。接地电阻的数值等于接地装置对地电压和通过接地体流入地中电流的比值。无论是工作接地还是保护接地,其接地电阻必须符合规定的要求,否则无法安全可靠地起到接地作用。各种接地装置的接地电阻允许值见表 5.9。

表 5.9　各种电器装置要求的接地电阻值

电气装置名称	接地的电气装置特点	接地电阻要求/Ω
发电厂、变电所电气装置	有效接地和低电阻接地	$R \leqslant \dfrac{2\,000^{①}}{I}$ 当 $I > 4\,000$ A 时,$R \leqslant 0.5$
不接地、消弧线圈接地和高电阻接地系统中发电厂、变电所电气装置保护接地	仅用于高压电力装置的接地装置	$R \leqslant \dfrac{250^{②}}{I}$(不宜大于 10)
	有效接地和低电阻接地	$R \leqslant \dfrac{120^{②}}{I}$(不宜大于 4)
低压电力网中、电源中性点接地		$R \leqslant 4$
	由单台容量不超过 100 kV·A 或使用同一接地装置并联运用且总量不超过 100 kV·A 的变压器或发电机供电	$R \leqslant 10$
	上述装置的重复接地(不少于三处)	$R \leqslant 30$
引入线上装有 25 A 以下的熔断器的小容量线路电气设备	任何供电系统	$R \leqslant 4$
	高低压电气设备联合接地	$R \leqslant 10$
	电流、电压互感器二次线圈接地	$R \leqslant 10$
土壤电阻率大于 500 Ω·m 的高土壤电阻率地区发电厂、变电所电气装置保护接地	高低压电气设备联合接地	$R \leqslant 10$
	电流、电压互感器二次线圈接地	$R \leqslant 10$

续表 5.9

电气装置名称	接地的电气装置特点	接地电阻要求/Ω
建筑物	一类防雷建筑物(防止直击雷)	$R \leq 10$(冲击电阻)
	一类防雷建筑物(防止感应雷)	$R \leq 10$(工频电阻)
	二类防雷建筑物(防止直击雷)	$R \leq 10$(冲击电阻)
	二类防雷建筑物(防止直击雷)	$R \leq 30$(冲击电阻)
共用接地装置	接地电阻要求	接入设备中要求的最小值确定,一般为 1

注:① I—流经接地装置的入地短路电流,A;

$I = \dfrac{U(L_K + 35L_1)}{350}$ 当接地电阻不满足公式要求时,可通过技术经济比较增大接地电阻,但不得大于 5 Ω;

② I—单项接地电容电流,A;U_K—线路电压;L_1—架空线总长度;L—电缆总长度

(2)接地电阻的测量方法。测量接地电阻的方法有很多,目前应用最广的是用接地电阻测试仪(也称接地绝缘电阻表)来测量。如图 5.40 所示为常用的 ZC-8 型接地电阻测量仪的外形图和测量接线图。ZC-8 接地电阻测试仪主要由手摇发电机、电流互感器、可变电阻和零位指示器等构成,另外附有接地测试探针两支,一支为电位探测针,而另一支是电流探测针。还附有 3 根导线,5 m 长的导线连接接地极,20 m 长导线连接电位探测针,40 m 导线用于电流探测针接线。

如下为使用接地电阻测试仪测量接地电阻方法步骤:

①按图 5.40(b)接线。沿着被测接地极 E′,把电位探测针 P′与电流探测针 C′彼此相距 20 m 插入地中,并处于同一直线上。电位探测针 P′应位于接地极 E′与电流探测针 C′之间。

②用仪表所附导线分别把 E′、P′、C′连接至仪表相应的端子 E、P、C 上。

③把仪表水平放置,调整零位指示器,使其指针指到中心线上。

④置"倍率标度"于最大倍数,慢慢转动发电机的手柄,同时旋转"测量标度盘",使零位指示器的指针指向中心线。在零位指示器指针接近中心线时,加快发电机的手柄转速,并调整"测量标度盘",使指针指到中心线。

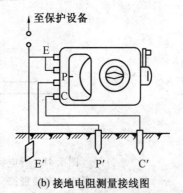

(a)外形图　　　　　　　　　(b)接地电阻测量接线图

图 5.40　ZC-8 接地电阻测量仪及其接线

⑤如果"测量标度盘"的读数小于 1 时,应把"倍率标度"置于较小的倍数,然后再重新

测量。

⑥当指针完全平衡指在中心线上,把此时"测量标度盘"的读数乘以倍率标度,即为所测的接地电阻值。

在使用接地绝缘电阻表测量接地电阻时,应注意下列问题:

①若零位指示器的灵敏度过高,可以调整电位探测针插入土壤中的深度,如果灵敏度不够,可沿电位探测针和电流探测针注水使其湿润。

②测量过程中,必须断开接地线路与被保护的设备,以确保测量的准确。

③若接地极 E′与电流探测针 C′之间距离大于 20 m 时,电位探测针 P′可插在 E′、C′直线之外几米,测量误差可忽略不计;但是如果 E′、C′之间距离小于 20 m 时,则一定要将电位探测针 P′插在 E′C′直线中间。

④当用 0～1～10～100 Ω 规格的绝缘电阻表测量小于 1 Ω 的接地电阻时,应把 E 连接片打开,然后分别用导线连接到被测导体上,以消除测量时连接导线电阻造成的测量误差。

5.3　建筑物等电位安装工程

第90讲　等电位连接的要求

(1)应做等电位连接的情况。下列情况下应做等电位连接:

①所有进出建筑物的金属装置、电力线路、外来导电物、通信线路及其他电缆均应与总汇流排做好等电位金属连接。计算机机房应敷设等电位均压网,并且应同大楼的接地系统相连接。

②穿越各防雷区交界处的金属物和系统,及防雷区内部的金属物和系统都应在防雷区交界处做等电位连接。

③等电位网宜采用 M 型网络,各设备的直流接地以最短距离和等电位网连接。

④若由于条件需要,建筑物应采用电涌保护器(SPD)做等电位连接,如图 5.41 所示。

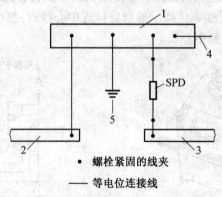

●　螺栓紧固的线夹

——　等电位连接线

图 5.41　导电物体或电气系统等电位连接示意图

1—等电位连接带;2—要求直接做等电位连接的物体或系统;

3—要求用 SPD 做等电位连接的系统;4—PE 线;5—接地装置

⑤实行等电位连接的主体应为:设备所在建筑物的主要金属构件及进入建筑物的金属

管道;防雷装置;供电线路含外露可导电部分;由电子设备构成的信息系统。

⑥有条件的计算机房六面应敷设金属屏蔽网,屏蔽网应和机房内环形接地母线均匀多点相连,机房内的电力电缆(线)应尽可能采用屏蔽电缆。

⑦架空电力线由终端杆引下之后应更换为屏蔽电缆,进入大楼前应水平直埋 50 m 以上,埋地深度应大于 0.6 m,屏蔽层两端接地,非屏蔽电缆应穿镀锌铁管且水平直埋 50 m 以上,铁管两端接地。

⑧无论是等电位连接还是局部等电位连接,每一电气装置可以只连接一次,并且未规定必须做多次连接。

⑨出水表外管道的接头不必做跨接线,由于连接处即使缠有麻丝或聚乙烯薄膜,其接头也是导通的。但是施工完毕后必须进行检测,如果导电不良,则需做跨接处理。

⑩等电位连接只限于大型金属部件,孤立的接触面积小的不必连接,由于其不足以引起电击事故。但是以手握持的金属部件,由于电击危险大,因此必须纳入等电位连接。

⑪门框、窗框如果不靠近电气设备或电源插座则不一定连接,反之应做连接。离地面20 m 以上的高层建筑的窗框,如果有防雷需要也应连接。

⑫离地面 2.5 m 的金属部件,因位于伸臂范围之外不需要做连接。

⑬浴室是电击危险大的场所,所以,在浴室范围内还需要用铜线和铜板做一次局部等电位连接。

(2)等电位连接材料和截面要求。等电位连接线与连接端子板宜采用铜质材料,等电位连接端子板截面不得小于等电位连接线的截面,连接所用的螺栓、垫圈以及螺母等均应做镀锌处理。在土壤中,应避免使用铜线或者带铜皮的钢线作为连接线,如果使用铜线作为连接线,则应用放电间隙与管道钢容器或基础钢筋相连接。同基础钢筋连接时,建议连接线选用钢材,并且这种钢材最好也用混凝土保护。确保其与基础钢筋电位基本一致,不会形成电化学腐蚀。在与土壤中钢管连接时,应采取防腐措施,例如选用塑料电线或者铅包电线或电缆。

等电位连接线应满足表 5.10 的要求。

表 5.10　等电位连接线截面要求

	总等电位连接线	局部等电位连接线	辅助等电位连接线	
一般值	不小于 0.5 倍进线 PE(PEN)线截面	不小于 0.5 倍进线 PE 线截面①	两电气设备外露导电部分间	1 倍较小 PE 线截面
			电气设备与装置可导电部分间	0.5 倍 PE 线截面
最小值	6 mm² 铜线或相同电导值的导线②　热镀锌圆钢 φ10 mm 或扁钢 25 mm×4 mm	同左	有机械保护	2.5 mm² 铜线或 4 mm² 铝线
			无机械保护	4 mm² 铜线
			热镀锌圆钢 φ8 mm 或扁钢 20 mm×4 mm	
最大值	25 mm² 铜线或相同电导值的导线②	同左	—	

注:①局部场所内最大 PE 截面
　　②不允许采用无机械保护的铝线

第91讲　建筑物等电位连接操作工艺

（1）连接线敷设与连接。

①如果设计无要求，采用40 mm×4 mm镀锌扁钢或 ϕ12 mm镀锌圆钢作为等电位连接总干线，依设计图纸要求从总等电位箱敷设至接地体（极）连接。连接不少于2处。

②当电话、电视以及计算机等机房设置在不同楼层时，其等电位线应与该电气竖井垂直引上的接地干线相连接，如图5.42所示。

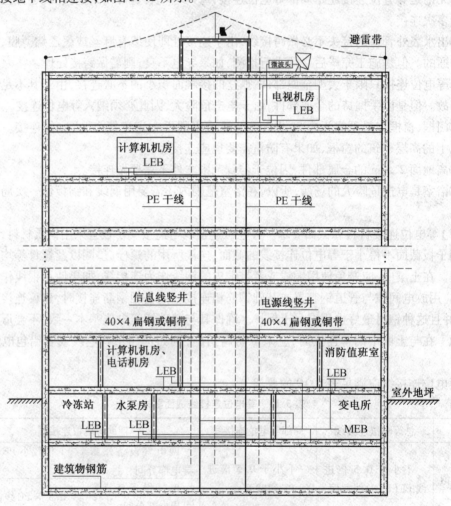

图5.42　等电位线安装

③等电位连接线与金属管道的连接可采用抱箍法或者焊接法。

a. 抱箍法：工程中镀锌管宜采用该方法，选择同镀锌管径相匹配的金属抱箍，用M10×30 mm螺栓将抱箍与金属管卡紧，然后，与作为等电位连接线的镀锌扁铁平面焊接。需将抱箍与管道接触处的接触面刮拭干净，安装完毕后刷防锈漆，抱箍内径等于管道外径。给水系统的水表应加装跨接线，以确保水管的等电位连接和接地的有效。如图5.43所示。

b. 焊接法：多用于非镀锌金属管道。把镀锌扁铁折成90°直角，角铁一端弯成一个管径相适合的弧形并与管焊接，另一端钻 ϕ10.5 mm的孔，用M10×30 mm螺栓和作为等电位连

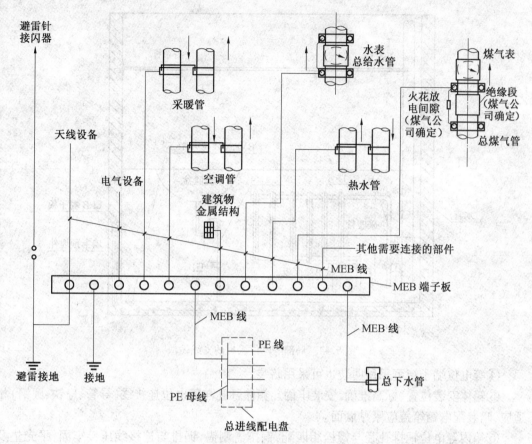

图 5.43　等电位连接线与金属管道的连接

接线的镀锌扁铁相连接固定。

④局部等电位连接应包括卫生间内的金属采暖管、金属排水管、金属浴盆以及建筑物结构钢筋网等。

⑤关于浴室的局部等电位:若浴室内原无 PE 线,浴室内的局部等电位连接不得与浴室外的 PE 线相连。如果浴室内有 PE 线,浴室内的局部等电位连接必须同该 PE 线相连。支线间不应串联连接。

⑥由局部等电位派出的支线通常采用绝缘导管内穿多股铜线做法。结构施工期间敷设管路预埋箱盒,等电位端子板的设置位置应方便检测。装修期间把多股铜线穿入管中预置于接线盒内,出线面板采用标准 86 盒,从盒子引出的导线明敷设。当金属器具安装完毕,将支线与专用等电位接点压接好,如图 5.44 所示。

(2)等电位箱安装。

①依据图纸位置,弹线定位安装总等电位箱(MEB),箱体标高通常为 0.5 m。箱体均应有敲落孔或活动板。

②箱内铜排同作为等电位连接线的接地扁钢采用 $\phi10$ mm 螺母固定连接,孔径匹配,孔距间距一致并且与引入(引出)的扁钢相对应,铜排需涮锡。

③MEB 端子排宜设置在电源进线或进线配电箱(柜)处,并应加防护或者装在端子箱内,以免无关人员触动。并在箱体面板表面注明"等电位连接端子箱不可触动"等标识。

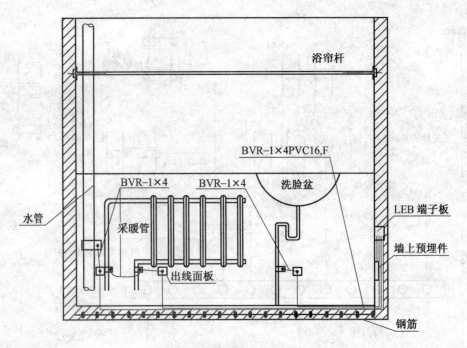

图 5.44　局部等电位派出的支线做法

④等电位端子箱可采用明装也可采用暗装。

⑤箱体安装位置、标高准确，安装牢固。箱体开孔与等电位连接线(导管、扁铁、圆钢)相适应，暗装配电箱箱盖应紧贴墙面。

⑥箱内等电位铜排孔径与螺栓相匹配，铜排需涮锡、铜排与连接线压接牢固，平光垫及弹簧垫齐全。

(3)几种特殊部位的等电位连接。

①金属门窗等电位连接。采用 $\phi 10$ 圆钢或 25 mm×4 mm 镀锌扁铁和圈梁结构主筋焊接后引至金属门窗结构预留洞处，当门窗安装时与固定金属门窗的搭接板(铁板)相连接固定形成电位一致。要求 $\phi 10$ 圆钢和结构主筋焊接长度不小于 60 mm(连接线材料由设计定)。

②信息技术 2T 设备的等电位连接

a. 采用宽 60 mm×80 mm、厚 0.6 mm 紫铜铂作为母带，在 2T 设备间明敷设成为尺寸 600 mm×600 mm 的网格，铜母带网格的十字交叉处(气焊连接)应与地面架空地板金属支架相重叠。

b. 由 2T 设备间配电箱 PE 端子排、信息设备以及设备间结构钢筋网分别引出连接线到铜母带网排并与其焊接。

③游泳池局部等电位连接。

a. 在游泳池边地面下没有钢筋时，应敷设电位均衡导线，间距应为 0.6 m，最少在两处做横向连接，且与等电位连接端子板连接，若在地面下敷设采暖管线，电位均衡导线应位于采暖管线上方。

b. 电位均衡导线也采用可敷设网格为 150 mm×150 mm、$\phi 3$ mm 的铁丝网，相邻铁丝网之间互相焊接，如图 5.45 所示。

c. 水下照明灯具的电源，扶手，爬梯，金属给、排水口及变压器外壳，水池构筑物的所有

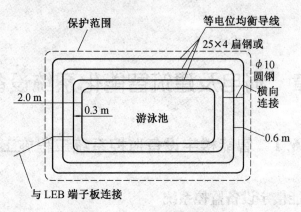

图 5.45　电位均衡导线敷设

金属部件(水池外框、石砌挡墙以及跳水台中的钢筋),与池水循环系统有关的所有电气设备的金属配件(包括水泵、电动机),除应采取总等电位连接之外,还应进行局部等电位连接。

(4)测试方法。

①整个工程等电位连接安装完毕后应进行导通性测试,第一步为局部测试,之后为全系统测试。

②用等电位连接测试后对等电位连接范围内的管夹及端子板等有关接头进行检测。

③测试电流不应小于 0.2 A,当测得等电位连接端子板和等电位连接范围内的金属管道等金属体端子之间的电阻不大于 3 Ω 时可认为等电位连接是有效的,若发现导通不良的管道连接处应做跨接线。

第6章 弱电及建筑智能化系统设备安装

6.1 智能楼宇设备监控系统工程施工

第92讲 智能楼宇设备监控系统

(1)风机盘管的控制与监视。楼宇设备监控系统对于风机盘管的监控,实际上只是对风机盘管供电电源的控制,而对运行的调节就是采用三联手动调节恒温器和回水电磁阀独立地控制风机盘管(较高档的饭店有的采用室内温度传感器,借助传感器的反馈信号自动控制电磁阀,以调节室内温度)。

(2)给排水系统的控制与监视。对给排水的监控是为确保人们用水的质量和节约能源消耗的一项重要技术措施,其最终目的是保证管网中,各种水泵处于最佳的运行状态,根据用户用水量的变化能及时地改变其运行方式,使水泵中的各台水泵处于最佳的运行状态,以满足供水量和需水量、来水量和排水量之间的相对平衡,实现高效率及低能耗的优化控制,从而实现管网合理调度,达到经济运行的目的。

(3)变配电系统控制和监视。对于采用双回路供电电源及自备柴油发电机组供配电系统,均设置一整套完整的电气连锁启停及保护装置。当工作电源失电之后,备用电源通过连锁装置的切换投入运行,当发生两路电源都失电时,应急柴油发电机组可以在最短的时间内(约1.5 s)自动投入运行,当外部供电电源恢复供电以后,电气连锁装置使柴油发电机组自动停机。

(4)电梯系统控制和监视。电梯分为直升电梯与扶梯两种,而直升电梯按其用途有客梯、货梯及客/货两用梯、病床梯和消防电梯等。电梯运行方式又分为自动控制、层间控制、集选控制、有/无司机和群控等,对于大厦的电梯,多采用群控方式。

楼宇设置监控系统所用传感器、控制器、阀门以及计算机控制系统等,都由品牌楼宇自控厂家提供与其他控制设备的接口,以确保系统的正常开通运行。

第93讲 楼宇设备监控系统的监控功能

(1)空气调节机组的控制和监视。空调水路是两管制,结合空调控制要求,楼宇设备监控系统监控的主要内容有:送风湿度测量、送风温度测量、回风湿度测量、回风温度测量、表冷器盘管水阀控制、机组加湿控制、送风机两端配置压差开关以及回风机两端配置压差开关。

在过滤器两端设置压差开关,在盘管上安装防冻开关,送/回风机故障报警监视,送/回风机组自动状态监视,送/回风机启/停,新风阀、回风阀、送风阀控制以及阀位监视。

(2)新风机组的控制和监视。新风机组的控制及监视包括:送风湿度测量、送风温度测量、加湿控制以及表冷器盘管水阀控制;风机两端配置压差开关,监视风压状态判断风机是否工作;在过滤器两端配置压差开关,监视过滤器堵塞与否;在盘管上安装防冻开关,低温时产生报警,并执行相应动作,以避免盘管冻裂;风机故障报警监视、风机机组手动与自动状态监视、风机启/停控制、新风阀控制及阀位监视。

(3)通风系统的控制和监视。通风系统的控制和监视内容包括:机械排风系统(其中部分是排风兼排烟系统,平时作为排风使用,火警时转为排烟方式),风机故障报警,风机运行状态监视,风机手动、自动控制,风机启/停控制。

通风与空调系统工程,可以设置单独的监控屏系统,对电梯的各种运行情况进行监视、监测以及监控等微机联网控制。

(4)给排水系统的控制与监视。给排水系统包括生活、消防给水系统以及排污系统。给排水系统的控制及监视内容包括:水池、污水坑液位监视,超高报警、消防水池超低报警;水泵运行状态监视,故障报警;水泵启停;系统根据水池液位高低联动泵类设备的启停,同时可按照程序优化启停;手动/自动转换开关状态监视。

(5)变配电系统的监视监测。高压系统通过两路 10 kV 独立电源供电,单母线分段运行互为备用,手动投入。高压电源引到地下一层的分界室,变配电室设在地下一层。如高压系统需要进行监控时,应及时申报当地供电管理部门,通过审批同意盖章后才允许实施。

①保证变压器设备的运行正常,系统监视、记录下列参数:变压器超温报警、变压器风机状态以及变压器风机故障报警。

②高压电力设备系统监视、监测不监控包括:两路进线开关状态、电压、电流、有功功率、电量;两路出线开关状态、电压、电流、有功功率、电量;联络开关状态、电流、电压、有功功率。

③低压配电设备系统监视、监测不监控包括:低压进线开关状态、电压、电流、功率因数;联络开关状态、电流、电压;分励脱扣器开关状态;电力计量电流、电压以及电量的监测。

(6)泛光照明、庭院照明、大面积照明监视及监控。

①对照明和动力系统的监控是指对于大厦各层的照明配电箱、应急照明配电箱和动力配电箱的监控,其监控的功能包括:依据季节的变化,按时间程序对不同区域内的照明设备分别进行开、断控制(如室外轮廓灯和泛光照明、霓虹灯以及节日彩灯等),进行手动和自动的定时控制。

当正常照明供电出现故障时,此区域内的应急照明电源立即投入运行。当发生火灾时,按应急控制程序关闭有关照明设备,将应急门打开。当有保安报警时,将相应区域内的照明打开。

②照明监控系统的监控主要包括:照明配电箱进线电源开关的控制,运行状态,故障报警和手动/自动转换开关状态以及用电量的统计;电力配电箱的进线电源开关控制,运行状态,故障报警及手动/自动转换开关状态以及用电量的统计;应急照明箱的电源开关控制,运行状态,故障报警及手动/自动转换开关的状态;航空障碍灯,立面照明、景观灯、装饰灯、广告灯、节日彩灯、霓虹灯等电源回路的开关指令、运行状态、故障报警以及手动/自动转换开关状态等。

(7)电梯监视。电梯的主要设备包括曳引机、导轨、厅门、轿厢、配重装置、平衡补偿装置和电气控制设备。其监视内容包括电梯升降控制器作为楼宇自控系统的一个分站,控制及扫描电梯升降楼层的信号,并把其信号传送到中央控制站;对于各部电梯的运行状态进行检测;故障检测与报警,包括厅门、厢门故障检测与报警,轿厢上下超限故障报警及限速轮故障报警等;各部电梯的开/停控制,电梯群控,当任一层使用电梯时,最接近于用户的同方向电梯,将率先到达用户层,以减少用户的等待时间;自动检测电梯运行的繁忙程度及控制电梯组的开启/停台数,以便节约能源。

(8)停车场管理系统。停车场管理系统动作过程如下:

①车辆进场。当车辆到达入口车道并通过埋于地面下的感应线圈(或者其他感应装置)时,读票机即处于待读票状态,车主在读票机前把有效卡在读票机前晃动,读票机可以感应到卡上的信息,自动读取,并与其内存相比较。如果卡内密码完全正确,则驱动栅栏机开启栅杆。中央处理机会自动记录卡号及进场资料,如果密码有误或不完整,栅栏机不会开启,当发生任何读票困难时,车主可以通过对讲机要求操作员协助。

②车辆离场。当车辆驶至出口车道并通过埋在地面下的感应线圈或其他感应装置时,读票机立即处于待读票状态,车主在读票机前把卡在读票机前晃动,读票机会自动读取票上信息,并与其内存相比较。若卡内密码完全正确,则驱动栅栏机开启栅杆。中央处理机会自动记录卡号和离场资料,若密码有误或不完整,或车主未用此卡进场,或者卡已无效,则栅栏机不会启动,当发生任何读票困难时,车主可以通过对讲机要求操作员协助解决。

第94讲　施工准备工作

(1)施工图审核内容。智能楼宇设备监控系统工程施工图审核,应检查施工图纸齐全与否,图纸内各检测点的位置是否清晰明了,系统图中各检测末端在平面图上有无相应标注。图中的各接入点是否已进行编码,对日后的系统结线和系统维护管理有利;各末端检测点线路在平面图是否有编码,与系统图中相应接入点编码是否相一致,编码是否有存在重码、错码以及漏码,平面图有相应编码,对施工进度有帮助,可避免系统与平面图编码不统一。楼宇智能设备监控系统的接地是否符合要求,工作接地、保护接地的接地点有无预留,消除静电等干扰,保证楼宇智能自控系统的正常工作不受干扰。

(2)材料与设备准备工作。施工之前应检查各种管材或金属线槽、吊支架等的施工备料是否齐全,各种电磁阀、各种性能开关以及各种执行器等设备按施工进度提前进入现场入库是否保护存好。

第95讲　室内温度传感器安装

室内温度传感器在暖气、通风以及空调系统中用作室温测量和遥控设定值调整。应尽量减少因接线而引起的误差;室内温度传感器安装于采暖或空调房间内墙,应远离门窗和热源,或避免暴露在有阳光的地方;导管开口要密封,以防止因为导管吸风引起虚假温度测量;在高电磁干扰区域采用屏蔽线,在主体施工时预埋直径为20 mm钢管和接线盒。

第96讲　风管式温度传感器安装

风管式温度传感器在通风及空调系统中用作排风、回风或室外空气温度测量。根据风管式温度传感器的感温管的长度选择适当的安装部位,先在风管上按照要求尺寸开孔后安装。用金属软管与传感器相连接,在高电磁干扰区域采用屏蔽线。

第97讲　管道温度传感器安装

管道温度传感器用于空调系统的冷却水管及冷冻水管上测量水温。管道温度传感器通过管接头与水管相连接,导线敷设可以选用 $D20$ mm 电线管及接线盒,并用金属软管与传感器相连接,进入传感器的接线口进行密封处理,防止水汽进入。

第98讲　电动风门驱动器安装

风门驱动器装设有一个内置定位继电器、两个电位器以调节零点与工作范围。先将风门移至关闭的位置,利用按钮手动卸载齿轮,把电机夹子反转至关闭前一挡的位置,并使齿轮重新安装,将电机校正至与风门轴呈 90°,将螺母拧紧在 V 形的夹子中。开闭箭头的指向与风门开闭方向一致,连接应牢固,机械结构开闭灵活,风阀控制器面向方便观察的位置,风阀控制器与风阀门轴垂直安装。

第99讲　机房设备安装

楼宇智能设备监控系统的控制室设备一般由外围设备、UPS、打印机、主控台、显示器、PC 与控制箱的通信控制器设备组成。所有现场设备借助控制箱与控制中心计算机相连,以 PC 为核心。设备接口是控制箱到控制配电箱及动力箱等设备的连接,用来实现设备的启动、停止等功能。此部分只需把电气管线敷设到箱体,并进行接线及调试。

首先在安装设备之前检查外形应完整,内外表面漆层完好,设备外形尺寸、设备内主板及接线端口的型号、规格满足设计规定。控制箱设备安装在弱电竖井(房)或主要设备房中(如冷冻站、热交换站、水泵房以及空调机房等),在墙上用膨胀螺栓安装,安装高度参照配电箱高度,进出线采用金属线槽敷设,保证线路敷设。

解决线路的电源正确性,线路连接的正确性,对应关系的正确性,极性的正确性,按系统设计图检查主机设备与网络控制器、UPS、主控台、打印机、系统模拟屏之间的连接电缆型号以及连接方式是否正确。

第100讲　智能楼宇设备监控系统的调试

系统测试在设备全部安装完成之后进行,线路敷设和接线要符合设计图纸要求;各设备按系统文件进行检查,单机运行必须正常,同各系统的联动、信息传输和线路敷设满足设计要求。测试的目的是测试和验收供货商所提供的设备系统作为一整体时的功能满足合同要求与否。

链路的验证测试,使用单端测试仪,边施工边测试(随装随测电缆)检查电缆的开路、短路、反接以及串绕等故障。认证测试参数,接线图测试、长度测试、衰减、近端串扰等。通电测试前的检查,机房的温度、湿度和电源电压满足要求。检查标志齐全,安装位置正确,各种选择开关位置正确,各开关的限流指标满足要求,设备各种熔丝规格符合要求,机架接地良好。

6.2 综合布线系统

第101讲 缆线施工要求

缆线的型号、规格应与设计规定相符,并应符合以下要求:

(1)缆线两端应贴有标签,并标明编号,标签书写应清晰、端正以及正确。标签应选用不易损坏的材料。

(2)缆线布放时应有冗余。在交接间、设备间对绞电缆富裕长度通常为3~6 m,工作区为0.3~0.6 m。有特殊要求的应按设计要求预留长度。

(3)布放牵引力应小于缆线允许张力的80%,应慢速而平稳地拉线,避免拉力过大而使缆线变形。最大拉力不能超过40 kg,速度不宜超过15 m/min,并且应制作合格的牵引拉头。

(4)缆线转弯及处理要求在缆线路由中允许转弯,但是安装者应尽量避免不必要的转弯。绝大多数的安装要少于三个90°转弯,在一个信息插座中允许有少数缆线的转弯和短的(30 cm)线圈。根据缆线的传输性能,其弯曲半径为8倍于缆线的直径。

第102讲 室外光缆敷设

建筑群及建筑物的主干光缆布线的交接不应多于两次,各种光缆的接续应采用通用光缆盒,为束合光缆、带状光缆或跨接线光缆的接合处提供可靠的连接及保护外壳。通用光缆盒提供的光缆入口应能同时容纳多根建筑物光缆。光缆的敷设方式可采用人孔管道敷设方式或者直埋方式或其他方式,光缆传输系统应使用标准单元连接器,连接器可以端接于光缆交接单元,陶瓷头的连接应确保每个连接点的衰减不大于0.4 dB。塑料头的连接器每个连接头的衰减不大于0.5 dB。

第103讲 配线柜的安装

(1)插座排与管理线盘安装。安装插座排或者电缆管理线盘前,首先应在配线柜相应的位置上安装四个浮动螺母,然后把所安装设备用附件M4螺钉固定在机架上,每安装一个插座排都应在相邻位置安装一个管理线盘,以使线缆整齐有序。

(2)用户有源设备安装。用户有源设备在弱电室内的安装,通过使用标准托架直接安装于立柱上或者墙壁上。

(3)空面板安装和机架接地。配线柜中未装设备的空余部分,为整齐美观,可安装空面板。以后扩容时,把空面板再换成需安装的设备。为确保运行安全,架柜应有可靠的接地。

(4)进线电缆管理安装。进线电缆可从架、柜顶部的底座引入,将电缆平直安排、合理布置,并用尼龙扣带捆扎在L形穿线环上,电缆应敷设于所连接的模块或者插座接线排附近的缆线固定支架处,也用尼龙扣带将电缆固定在缆线固定支架上。

(5)跳线电缆管理安装。跳线电缆的长度应依据两端需要连接的接线端子间的距离来确定,跳线电缆必须整齐合理布置,并安装于U形立柱上的走线环和管理线盘上的穿线环上,以使走线整齐有序,方便维护检修。

第 104 讲 墙挂式配线架的安装

下面以 JPX211B 型墙挂式配线架为例介绍墙挂式配线架的安装。它是按照通用 19 英寸制式机柜标准设计制造,是一种简易式小容量的配线架,适用于安装环境的面积不太宽裕的场合,可直接安装在墙壁上,通常用于中小型智能建筑的综合布线系统中的建筑物配线架,或在各个楼层设置的楼层配线架。在配线架上可以适用所有 19 英寸的设备安装,例如高频模块接线盘、RJ45 插座接线盘等设备。

(1)整机安装。按照墙挂式配线架安装尺寸,把机架的安装位置设置在便于接线操作的地方,机架应垂直牢固安装,当电缆进线时安装走线槽道至架,用四颗不小于 M6 膨胀螺钉在墙上安装好。

(2)接线盘(插座盘)和电缆管理线盘的安装。使用不小于 M4 螺钉将所安装设备固定在机架上,每安装一个插座排(至多两个 16 或者 24 位插座,至多一个光纤接线盘或者一个 250 回线高频接线模块背装架)均应在相邻位置安装一个管理线盘,以使线缆整齐有序。应注意电缆的施工最小曲率半径应大于电缆外径的 8 倍,长期使用的最小曲率半径应大于电缆外径的 6 倍。配线架应可靠接地,接地电阻小于或者等于 1 Ω。

第 105 讲 信息插座安装

(1)现以普天 FA3−8ⅧB 型 RJ45 双位信息插座模块及面板安装为例。

①把接好的模块安装卡在面板上。

②标记块标示信息口的用途,安于面板上。

③端口号可用不干胶贴在外框面板反面,便于管理。

④盖好面板。

(2)信息插座墙上暗装及活动地板安装。

①安装在墙上的信息插座,宜高出地面 300 mm,若地面采用活动地板时,应加上活动地板内的净高尺寸。

②装在活动地板或者地面上的信息插座,应固定在接线盒内,插座面板有直立和水平等形式,接线盒盖可开启,并应严密防水、防尘,接线盒面应同地面平齐。

第 106 讲 信息插座端接

信息插座的核心部件均为模块化插座孔和内部连接件,对绞线在信息插座(包括插头)上进行终端连接时,必须按缆线的色标、线结组成以及排列顺序进行卡接,若为 RJ45 系列的连接硬件,其色标和线对组成及排列顺序应根据 EIA/TIAT568A 或 T568B 的规定办理。对绞线与 RJ45 信息插座采取卡接接续方式时,应按照先近后远、先下后上的接线顺序进行卡接。

当综合布线采用屏蔽电缆时,把电缆屏蔽层与连接硬件终端处的屏蔽罩应可靠接触,通常是缆线屏蔽层与连接硬件的屏蔽层形成 360° 周围的接触,它们之间的接触长度不宜小于 10 mm。

各类跳线和接插硬件间必须接触良好,连接正确无误,标志清楚齐全。通常对跳线电缆的长度不应超过 5 m。

　　模块化信息插座分为单孔与双孔,每孔都有一个8位/8路插脚(针)。采用了标明多种不同颜色电缆所连接的终端,确保了快速、准确的安装。M系列信息插座模块端接方法步骤,按M100与T5688标准端接。

6.3　安全防范系统

第107讲　云台安装

　　(1)手动云台安装。手动云台结构简单,安装、使用以及调节都很方便,而且价格低廉,在实践中得到广泛应用。如图6.1为一种半固定式手动云台,这种云台是采用四个螺栓将云台底板固定在建筑物梁、屋架或者自制的钢支架上,使云台保持水平,固定好云台以后,旋松底板上面的三个螺母,可调节摄像机的水平方位。当水平方位调节后,便旋紧三个固定螺母。

　　另一种类型的半固定云台可与各种壁装架和吊装架配套使用,也可以装在建筑物的梁或屋架上(图6.2)。这种云台调整十分灵活方便,只需紧固螺钉即可。摄像机水平方向的旋转是依靠云台面板上的螺钉来调整,俯仰角为调节侧板螺母确定的。云台的底座应该平稳牢固。

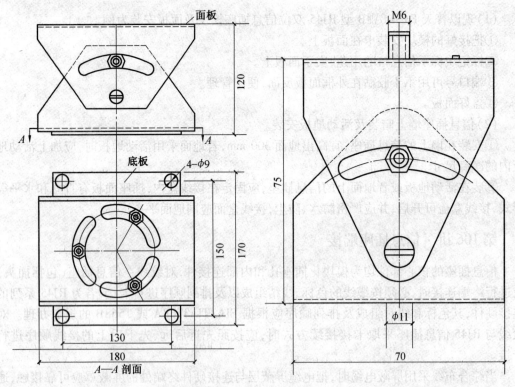

图6.1　YTB-I型半固定云台安装尺寸　　　　图6.2　YTB-II型半固定云台安装尺寸

　　(2)电动云台安装。电动云台分为室内与室外两种类型,图6.3所示为YT-I型室内电动云台,用它可以带动摄像机寻找固定或活动目标,具有转动灵活及平稳的特点。它可以水平旋转320°,垂直旋转±45°,可以直接把摄像机安装在云台上或者通过摄像机防护罩再安装摄像机。

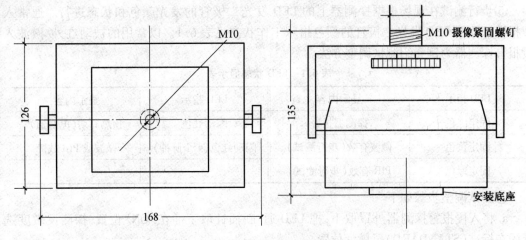

图 6.3　YT-I 型室内电动云台安装尺寸

第 108 讲　报警探测器的安装

各种类型的报警探测器,具有各自不同的特点及安装要求,安装前应仔细熟悉所安装的报警探测器使用说明书,正确地安装使用,才能保证探测器的最大功能的发挥,确保其工作可靠性。

(1)被动式入侵报警探测器。比较常用的被动式入侵报警探测器包括被动红外线入侵报警探测器、被动红外/微波双鉴入侵报警探测器以及被动红外/微波三技术报警探测器等,以上为室内常常使用的入侵报警探测器。

(2)壁挂式入侵报警探测器。选用安装支架进行安装,支架用安装螺钉安装于墙壁上,入侵报警探测器安装于支架上。安装好后应调整工作角度,使入侵报警探测器的探测工作角度可以覆盖所要求的探测范围,然后紧固安装支架的角度调节螺钉。

在调整角度时,应注意调整探测器下方的探测死角范围。探测器内有垂直调节螺钉,可以作为微调垂直角度使用。具有翻转镜片改变探测器性能的入侵报警探测器,应注意镜片安装方向。

(3)吸顶式入侵报警探测器。

①可把底部安装板直接固定在天花板、吊顶棚上。安装时应依据探测器的探测半径选择最合适位置安装,以完全覆盖所需探测范围。探测器半径随安装高度变低而变小,在安装时,应考虑安装高度对实际探测范围的影响。

②入侵报警探测器在连线时,应把防拆开关接点连接在回路内。在防区内最后一个入侵报警探测器内部连接报警系统控制主机要求的终端匹配电阻,这个电阻不可以连接在报警系统中控制主机输入端或者一个防区内的入侵报警探测器的中间任一个上。否则,匹配电阻后面的入侵报警探测器将失去开路报警功能。

③安装入侵报警探测器完毕后,应供给直流电源进行步行测试,调整工作状态。步行测试调节按照报警探测器说明书进行。

④步行测试主要测试入侵报警探测器的工作范围、是否有防范死角,根据测试结果进行

探测器工作状态(探测角度及灵敏度等)的调整。

⑤步行测试在现场根据探测器上的LED发光二极管的发光颜色和状态进行。通常入侵报警探测器LED发光二极管的颜色指示工作状态见表6.1。以常用的被动红外/微波入侵报警探测器为例介绍测试调整方法。

表6.1　LED状态显示表

LED指示	显示内容	LED指示	显示内容
固定红色	探测器报警	闪动红色	预热周期(电源通)
固定黄色	微波有效(步行测试)	闪动红色(4个脉冲)	微波或PIR故障
固定绿色	PIR有效(步行测试)		

⑥测试调整步骤如下。

a. 将入侵报警探测器外罩取下,把LED通/断插针取下插在"ON"位置、探测灵敏度选择插在标准(STANDARD)灵敏度位置。

b. 盖好探测器外罩(外罩未盖好时),防拆开关处在断开状态,从不同角度、位置以及高度进行测试。人员进入探测范围内移动,对探测范围进行测试。借助LED发光二极管的发光颜色判断被动红外(PIR)的探测范围和微波探测范围。

c. 打开外罩,调整PIR灵敏度选择插头位置。调整微波范围调节电位器及垂直和水平角度,直到符合测试要求。

d. 把LED发光二极管指示插针插于"OFF"位置,使探测报警时不发光。盖好外罩。以上调整要仔细进行,由不同角度、位置反复测试,不能留有探测盲区及空隙。具有防宠物功能时,还应测试防宠物功能。

e. 紧固调整螺钉,固定好连接线,连接线外露部分不可在防范范围外以任何方式能够触及。灵敏度调节不要调节得过于灵敏,探测范围也不要调节过大于规定防范范围,防止产生误报或防范区域外的活动造成不必要的报警。

(4)主动对射式红外入侵报警探测器。

①主动对射式红外入侵报警探测器安装时,应使两边探测器的安装高度一致。室外安装的探测器应注意密封圈的使用。注意在盖好外罩时,将密封圈放好。

②主动对射式红外入侵报警探测器调整时,首先以肉眼对观测孔进行观测,调整发射器和接收器镜头应对准,然后通电,依据LED发光二极管调节指示灯的指示。借助调节垂直和水平方向调节钮,调节发射红外线方向,使其对准接收器的接收镜头。待上下两对对射红外线构成保护墙时,为避免相互干扰,可调节其中一对红外线发送和接收频率,使其不产生相互干扰作用。在有飞鸟、落叶及小动物出现的环境,适当调节射束的阻断时间,避免小动物引起的误报。

③安装测试完毕后,将外罩盖好,做好引线及探测器的防护工作。

④振动和玻璃破碎报警探测器安装时应选择最佳位置安装。说明书中有安装方向要求的报警探测器,应按照规定方向安装。安装后模拟测试其工作状态。

(5)电动式振动探测器。

①宜采用信号对比技术,也就是在防范现场和防范现场以外安装同样的振动探测器进行信号对比,使系统的误报警减少。

②不宜用于附近有强振动干扰源的场所(如近临公路、铁路以及水泥构件厂等)。

③室外应用时一般埋入地下,深度在 100 mm 左右,不宜埋入土质松软地带。

④安装位置应远离振动源(如室外树木、栏网桩柱等),室外通常应与振动源保持 2 m 以上距离。

(6)电动式振动电缆入侵探测器。

①宜采用有防误报、漏报措施的探测器。

②每个警戒区域不宜超过 300 m,以便于确定入侵部位。

③安装于网状围栏上时,电缆应敷设于围栏的 2/3 高度处,固定间隔视产品要求确定。

④安装于栅状围栏上时,宜把传感电缆穿入金属管内置于栅栏的顶端,固定金属管的卡子之间应留有少量活动空间,当有人入侵时能产生振动。

⑤安装在围墙上可采用如下方式:

a.电缆穿入金属管,用金属支架将金属管宽松地固定于围墙内侧或外侧的上方。

b.在围墙上安装铁质网,电缆敷设在铁质网上,敷设方法与以上网状围栏类同。

c.用支架将电缆固定于围墙内侧或外侧的 2/3 高度处。

⑥电缆敷设需经过出入口时,应将电缆穿金属管埋入地下 1 m 深处。

(7)玻璃破碎入侵探测器(采用声控-振动双技术)。

①玻璃破碎器应当有探测状态转换技术。

②探测器安装在玻璃附近的墙壁或者天花板上。

③当同时警戒两处以上门窗玻璃时,探测器位置应居中。

④安装时尽可能地远离噪声干扰源,以使误报警减少。例如,尖锐的金属撞击声、铃声、汽笛啸叫声等。

⑤探测器的灵敏度应调整至一个合适的值。通常以能探测到距探测器最远的被保护玻璃破裂。探测器对防护玻璃面必须有清晰的视线,防止影响声波的传播,降低探测的灵敏度。

(8)紧急按钮开关。可依据常开常闭要求,选择各种类型开关。它应安装在隐蔽处和不容易被误触动的地方。在有些场合,如银行柜台,可以同时设置几种紧急按钮开关、脚挑开关和防抢钱夹等。开关应按照人在柜台不同位置、站或坐都能有条件方便地按动开关紧急报警的位置进行。也可按以下要求进行安装:

①一般是借助人工启动发出报警信号的装置,如手动报警开关、脚踢报警开关等。常用于可能发生直接威胁生命的场所,如银行营业所、收银台、值班室、酒店客房、住宅小区住户门厅、书房和主要住房。

②紧急报警装置可以采用有线或无线传输报警。

③宜具有防误触发措施,触发报警后可以自锁,复位需采用人工再操作等方式。

④紧急报警装置应安装于隐蔽的、紧急情况下报警人员容易可靠触发的部位。

(9)门磁开关安装时,应调整好安装间隙,使磁子及磁簧工作在可靠距离内,不能影响门的正常开启和产生碰撞,又使距离最接近为好。

①木质门窗可以选用普通的磁控开关;钢、铁、玻璃门窗应采用专用型磁控开关。

②磁控开关的控制距离至少应是被控门、窗缝隙的 2 倍,间距约为 0.5 cm。

③磁控开关应安装在距门窗拉手边约 15 mm 处;舌簧管安装于门、窗框上,磁铁安装于

门、窗扇上,两者间对准。

④在人员流动性比较大的场合宜采用暗装磁控开关,引出线要隐蔽。

⑤以下情况不宜使用磁控开关:设防部位位于强磁场中或有可能经常遭受振动的场合。

(10)声音探测器的安装。声音探测器有圆柱形与方形两种,圆柱形适合钻孔安装,通常装在天花板、墙壁隐蔽处。方形带有不干胶,可安装在任何位置。声音探测器具有声场指向性,安装时,探测孔应指向探测区,安装固定之前,应实际测试一下现场声音,当影响较大、声音不清时,应调整找出最好位置再进行固定。通常不应安装在墙角、拐角处,应离开云台、解码器等产生声响的装置。

第109讲 摄像机镜头安装

(1)摄像机和镜头在安装进护罩前,应预先调整好镜头的光圈、聚焦以及焦距。摄像机安装镜头后,首先进行后焦距的调节。

(2)后焦距的调节,实质上是镜头及摄像机装座距离的微调。

(3)对于 C 型接口的装座距离(安装镜头的安装面至 CCD 电荷耦合器件的像面的空气光程)为 17.52 mm,CS 型接口为 12.52 mm,D 型接口为 12.3 mm。因为加工误差和安装误差,实际安装后,图像会出现不清晰现象。所以,每个摄像机都有后焦距调节螺钉或调节环,用于微调镜头安装面至像面的空气光程,使镜头的焦点同摄像机像面焦点一致,得到最清晰的图像。

(4)后焦距的调节方法。

①安装好镜头,摄像机通电,输出视频信号到监视器上。将摄像机前部的后焦距紧固螺钉松开,调节后焦距调节螺钉或者调节环,使在观察范围内图像最清晰。手动变焦镜头在调节好焦距位置后调节后焦。电动变焦镜头应在焦距变到最大和最小时,图像都应清晰不变,否则应重新调节。调节好后焦距后,拧紧后焦距紧固螺钉。

②以上调节应小心细致进行,当调节不清晰时,不要过分调节,防止损坏 CCD 器件或拧坏螺钉。此时应检查所用摄像机的安装方式是否同镜头安装方式相符。

③当使用 C 型安装镜头安装在 CS 安装方式的摄像机上时,可在镜头和摄像机之间,安装一个 5 mm 的接圈,再重新调节后焦距。

④CS 型安装镜头是不能安装于 C 型安装方式的摄像机上的。此时应更换摄像机或镜头。

⑤调节好后焦距之后,手动光圈镜头应在现场的最低环境照度下与最高环境照度下调节光圈到接好连线。摄像机安装在支架上,将观测角度调节好后固定。

⑥球形摄像机中,镜头与摄像机为一体摄像机,不需要进行后焦距的调节。

第110讲 解码器的安装

(1)将解码器固定在合适位置,连接好云台、镜头、摄像机以及辅助设备(如报警联动灯具)的连线,连接好矩阵系统控制主机来的通信控制线和供电电源线。通信控制线若有极性要求时不能接错。依据云台和摄像机供电要求,把解码器内相应变换插头放在需要电压上。设置好地址码开关,地址码通常为 8421 码编码,但有的解码器有所不同,应参照说明书设定。设定地址码为按摄像机的位置编号进行确定的。

（2）当连线和设定完成后,应仔细检查,确保连接正确。特别是摄像机供电电源和云台工作电压变换插头,一定要插在需要的电压位置上。

（3）内部有自检功能开关的解码器,可以向解码器供电,将自检开关旋转或拨到自检位置,按动自检按钮,检查可变镜头的聚焦、光圈以及变焦是否工作正常,检查云台的上、下、左、右和自动、面扫、线扫等功能和变化范围满足要求与否。不满足时应重新调整有关设备。

（4）检查正常后,将自检开关旋转或者拨动到正常工作位置,将解码器盖盖好。

（5）设有自检功能的解码器,应由矩阵系统送来的通信控制信号进行检测。

（6）室外安装设备,应做好密封及防水的处理和固定工作。

第111讲　监控台安装

为了监视方便,通常将监视器、视频切换器以及控制器等组装在一个监控台上。一般设置在控制室内,如图6.4所示为其外形。

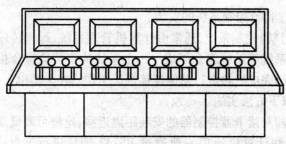

图6.4　系统监控台示意图

此外,监控台应安装于室内有利于监视的位置,要使监视器不面向窗户,防止阳光射入,影响图像质量。

第112讲　出入口（门禁）控制系统的安装

出入口（门禁）控制系统的安装工作中,传输线路的安装工作的要求与其他安全防范系统相同,通常采用暗管、金属管敷设。当在不易遭受破坏的环境中,也可采用塑料阻燃电线管、塑料线槽的敷设方式。在线路安装中,注意读卡器的输出信号线不能和控制系统的交流电源线在同一管道中敷设,以免导致干扰。出入口（门禁）控制系统的安装工作,主要是读卡器的安装。

（1）读卡器的安装。

①读卡器一般安装在被控制出入口附近,安装高度的选择以便于操作为主进行考虑,通常为1.4～1.7 m。有汽车经常出入的出入口,在安装读卡器时,应依据汽车驾驶员适宜的高度进行考虑。通常应安装在前进方向的左侧,驾驶员方便刷卡的位置。

②根据现场环境,选择读卡器为平面安装方式或是表面安装方式。

③平面安装方式较适合用在室外。在安装时,应在安装墙面上加工安装孔。安装孔尺寸每边至少应大于读卡器20 mm以上,以确保安装要求。

④表面安装方式,应在安装时考虑安全性,以保护读卡器不被非法拆卸。当在室外安装时应适当考虑增加防雨、环境影响和不容易被意外损坏的措施,一般必须安装防护罩,以确保安全。

⑤应将刷卡式读卡器的刷卡方向固定为垂直方向。

⑥磁卡式读卡器应在远离具有强磁场干扰的环境中安装。当无法避免时应采用条形码卡和条形码读卡器作为识读设备。

⑦条形码读卡器是采用红外线进行识读操作,在安装过程中,应考虑环境中红外线可能产生的干扰,选择适合的位置进行安装。

(2)读卡器控制器的安装。

①读卡器控制器通常安装在室内距离读卡器不超过200 m的距离内。当必须安装在较远距离时,应在读卡器和读卡器控制器之间加装线路延长器,以确保读卡识别信号的传输要求,一般可延长至2 000 m左右。

②当读卡器控制器与控制执行设备(如电动门锁、自动门以及卷帘门等)进行连接安装时,应考虑驱动能力的配合要求,在必要时应增加驱动控制单元(如驱动器、中间继电器等),以满足驱动要求。

(3)大型出入口(门禁)控制系统的安装。

①大型出入口(门禁)控制系统,通常由计算机管理系统、远程传输系统、出入口控制系统以及闭路电视监控系统等系统组合而成。每个系统的安装应符合相应系统的安装要求。通常应在系统安装调试完成后再进行总体连接调试工作。在大型出入口(门禁)控制系统安装过程中,一般应按以下方法实施。

②尽可能使读卡器与读卡器控制器的安装距离近些,这样可降低成本。

③读卡器控制器和计算机通信一般通过RS232端口进行。当读卡器控制器输出为RS485方式时,应加接RS232/RS485转换器进行转换。

④当进行远距离联网控制时,可通过公共电话网,两端加接调制解调器和RS232/RS485转换器等,在计算机管理系统和读卡器控制器之间进行通信。

⑤当出入口(门禁)控制系统同其他系统联动控制时,应考虑接口配合要求。

第113讲　中央监控室的设备安装

(1)控制台、电视柜(墙)的安装。

①控制台、电视柜(墙)安装在合适位置。把要组装的控制台、电视柜(墙)进行组装,组装时,螺钉应在调整好组装件的角度后再进行拧紧,然后固定于设定位置。

②安装好的控制台和电视柜(墙)应竖直平稳,垂直偏差不得大于1%。机架的底座与地面固定。几个电视柜并排构成电视墙时,前面板应在同一平面上并同基准线平行,前后偏差不能超过3 mm,两个机柜之间缝隙不能大于3 mm。对于相互有一定间隔排列的机柜其面板前后偏差不应超过5 mm,并应美观、整齐、牢固,机架不能晃动。控制设备安装应牢固,同控制台面板应配合严密、端正。

(2)控制台和设备的配线连接。

①控制台的强电配线应满足有关标准规定要求,强电配线应单独走线,线扎捆扎整齐,开关等裸露的强电连接点应用热塑管塑封保护。所有导线均不能悬空连接,应顺控制台内壁分段固定整齐。

②设置配线板时,插座、接线排以及保险丝盒应排列整齐,强弱电分开排列,做出永久标志。与接线排连接电缆应分类捆扎成线扎后连接至接线排各连接点上,导线剥头应合适。

焊接或压接接线片时,焊接(或压接)部分应套热塑管塑封或套绝缘套管。每排接线排上连接线热塑管或者绝缘套管长度应一致。

③接线排连接完毕之后应盖好护盖。

④控制台、电视柜(墙)内应连接好接地保护端子,连接专用保护接地线与综合接地网的连接线,应使用铜质线,其截面积不应小于 16 mm²。

⑤接地端子连接前,应清除油漆、污渍以及氧化物等杂质,保证可靠良好地接地。

⑥前端设备到主控设备、控制台内的传输电缆与供电电缆,应由地槽或墙槽从控制台、电视柜(墙)的底部引入,也可以采用架槽、电缆桥架或由活动地板下引入。

⑦传输电缆和控制台内设备之间连线要分类捆扎整齐,顺直没有扭绞。引入电缆要留有一定余量,多余部分按所盘方向理直,盘成线盘,捆扎整齐之后放于控制台下面或活动地板的线槽内。

⑧传输电缆应用记号笔等做好线号永久标志。

⑨完成控制台连线后,应整齐有序,线扎、导线清楚不乱,给人一个干净、清晰利索的感觉。

⑩完成控制台连接线后,应进行安全检查,测量供电电源与设备、控制台的绝缘电阻及接地电阻,应满足规定要求。

⑪主控制台安装完毕后,应进行必要的设备通电、调试和初始编程以及设定工作状态等工作。

参 考 文 献

[1] 中国电力科学研究院.电气装置安装工程66 kV及以下架空电力线路施工及验收规范 GB 50173—2014[S].北京:中国计划出版社,2014.

[2] 中华人民共和国住房和城乡建设部.建筑电气工程施工质量验收规范:GB 50303—2015 [S].北京:中国计划出版社,2016.

[3] 中国建筑东北设计研究院.民用建筑电气设计规范:JGJ 16—2008[S].北京:中国建筑 工业出版社,2008.

[4] 方潜生.建筑电气[M].北京:中国建筑工业出版社,2010.

[5] 李云.建筑电气[M].北京:北京大学出版社,2014.

[6] 汪永华.建筑电气[M].北京:机械工业出版社,2012.

[7] 马志溪.建筑电气工程——基础、设计、实施、实践[M].2版.北京:化学工业出版社, 2011.

[8] 白玉岷.电气工程安装及调试技术手册[M].3版.北京:机械工业出版社,2013.

[9] 史新.电气工程(从毕业生到施工员)[M].武汉:华中科技大学出版社,2011.